i

为了人与书的相遇

日本风俗食具

日本橋木屋
ごはんと暮らしの道具

［日］木屋　编著
叶韦利　译

广西师范大学出版社
·桂林·

目录

前　言

编辑部

有个朋友在结婚后因为换工作而离职，同部门的同事送了一把"木屋"的钢制牛刀当作礼物给她。据说大家挑选这把木屋的刀给她，一来是因为她刚结婚，送一把最高级的刀，让她在厨房里大展身手；再者，也祝福她在新的工作上得享好运，开拓一条新的道路。

过了十年，她仍非常珍惜并且爱用这把刀。这把刀蕴含着多重意义，不但是"方便好用的工具"，更让她觉得像是"创造活力的护身符"，有深厚的信赖感。

自昭和三十年代（二十世纪五六十年代）以来，日本的传统用具已经逐渐从一般家庭中销声匿迹。而这也不过是近几十年的事而已。

日本人过去使用的传统工具，有着千年以上的历史。这些经过漫长的岁月仍在流传的工具，所使用的木材、土壤、金属、技术都

引自《江户买物独案内》

有适当的理由。人们在使用这些器具时祈求身体健康、招财纳福，同时庆祝四季各项节庆活动，迎接新的年度。

人们长久以来使用的器物，在某个关键时刻会成为一股强韧的力量。不妨在围绕于身边的轻便现代用具中，加入一件传统的用具。这本书介绍的就是老字号"木屋"精选出的传统好工具。

原本贩卖刀具的木屋创业于宽政四年（1972年），除了刀具及木工用具之外，也贩卖各种大大小小的生活用具。第一代加藤伊助后来开了分店，成为批发商，经营本店木屋所没有的金属器具。

木屋的总本家，是创立于天正元年（1571年）的大阪药材商。由于受到德川家康的招募，当家的弟弟搬迁至日本桥本町三丁目，开了一家专营涂物、漆器的商店，成了木屋的江户本家。

开枝散叶的各家木屋分店经营的项目包括三味线、化妆品、象牙等，商品琳琅满目。全盛时期店铺甚至占了日本桥室町二丁目、三丁目的半条街，据说还有人说"室町到处都看得到木屋的深蓝色门帘"。

位于三越本店隔壁的木屋。拍摄于昭和二十六年（1951年）左右。后来随着三越扩建，搬迁到室町一丁目。

江户时期葫芦屋还有"团十郎齿磨"（牙膏）这项商品。

关东大地震后完工，在第二次世界大战末期因强制疏散不得不摧毁的木屋。拍摄于昭和五年（1930年）左右。只有正面是红砖材质的三层楼建筑。

引自《熙代胜览》。这幅画轴描绘的是俯瞰今川桥（千代田区锻冶町）到日本桥这段大马路的景致。右侧的店家就是刀具木屋。

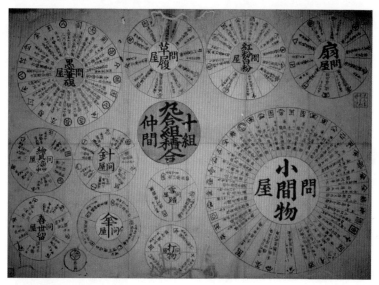

三井文库收藏的十组批发商的图。刀具木屋在创业当时就购买了江户十组批发商的股票。一群有实力的商人结盟，并且筹备了"菱垣回船"（往返于大阪的输送货物的船只）。中央下的金属器具批发商中也有木屋的名字在内。

在《熙代胜览》这幅画轴中看得到文化二年（1805 年）时期的木屋。这幅画轴现在收藏于德国柏林东洋美术馆，但日本的地下铁三越前站的地下通道也展示了其复制品。

从木屋与市川团十郎的关系，也能看出历史有多悠久。木屋里最高级的菜刀、刨刀、剪刀，都取"团十郎"这个系列名称。木屋的购物袋上印的三升图案，也是市川团十郎的专属纹样。在江户末年到明治时期，木屋为了呼应当红歌舞伎演员第九代市川团十郎而首次推出了菜刀。

第十二代市川团十郎在三越剧场演出新派的《日本桥》（泉镜花作品）时，据说木屋送了菜刀给喜爱做菜的团十郎当作纪念。但后来发现原来团十郎是左撇子，又赶紧再送了一把左手专用的菜刀给他。

就像团十郎这个系列的命名一样，木屋从过去就有纳入新观念的风气。例如，木屋注意到"rugby"（橄榄球）、"hat"（帽子）等新词汇的出现，并将其登录成为系列商标。此外，关于刮胡刀、柴

昭和六十年（1985 年）左右的木屋。在同一栋大楼里还有"永藤"这间老餐厅，现为太郎书房。

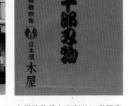

木屋购物袋上印制的三升图案

鱼刨片器、携带型指甲剪的普及，木屋也扮演了重要的推手角色。

　　在战后开发不锈钢菜刀时，木屋也投入不少心力。木屋的努力一扫人们过去"不锈钢刀=不好切"的印象。一般大众逐渐了解到，不锈钢材质的菜刀不但很好用，还能靠磨刀培养出个人喜好的手感。时至今日，木屋仍持续引进德国双立人牌的剪刀、PEUGEOT的研磨器、Adler的剪刀、MERKUR的刮胡刀，以及Staub和Le Creuset的锅具，让这些世界一流的工具迅速在日本普及。

　　编辑部为了本书，花了将近一年时间采访木屋总务企划部部长石田克由先生。石田先生于昭和二十年（1945年）出生于日本神奈川县，昭和四十四年（1969年）进入木屋任职。他的工作内容包括业务与商品开发，从北海道到九州走遍了日本全国。目前还在大学的公开讲座与文化中心进行各类演讲，主题多半是菜刀的历史、菜刀与食材的搭配使用，以及正确的磨刀方法等。

Gold Rugby 安全替换刀片

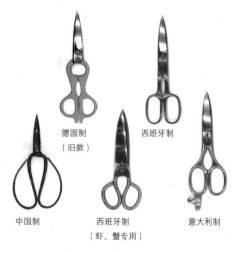

德国制
（旧款）

西班牙制

中国制

西班牙制
（虾、蟹专用）

意大利制

东京奥运时期，会长从世界各地收集的剪刀

编辑部请教石田先生，对他来说工具究竟是什么? 他这么说：

"先人在长期经营的生活中培养了知识，工具便是基于这些知识进化而成的。尤其以菜刀为例，日本的菜刀具备全球少见的特殊形状与构造。

"四面环海的岛国日本，自古以来就以鱼类、贝类等海鲜类为主食。为了让鱼尝起来更美味，不知何时，人们开始使用由钢材与软铁组合锻造而成的单片刃刀具，它可以将切割手感发挥到淋漓尽致，又好研磨。直至今日人们仍在使用。

"包括日式菜刀在内，很多借由日本传统技术制造而成的、被人们传承使用的生活工具，在战后似乎逐渐式微。想要妥善运用以铁、木、竹、陶瓷等素材制造的精良器具，该怎么做才好呢? 使用者必须有相应的知识与智慧。我希望能让大家回想起战前日本人视为理所当然的工具，了解怎么去使用它们，希望人们妥善使用这些美好的日本器具。"

木屋产品目录，昭和十三年（1938 年）版

木屋产品目录，大正十四年（1925 年）一月版

制作本书时，我们借来了消费者们爱用的
木屋产品，并用它们实际料理了食物。

四月

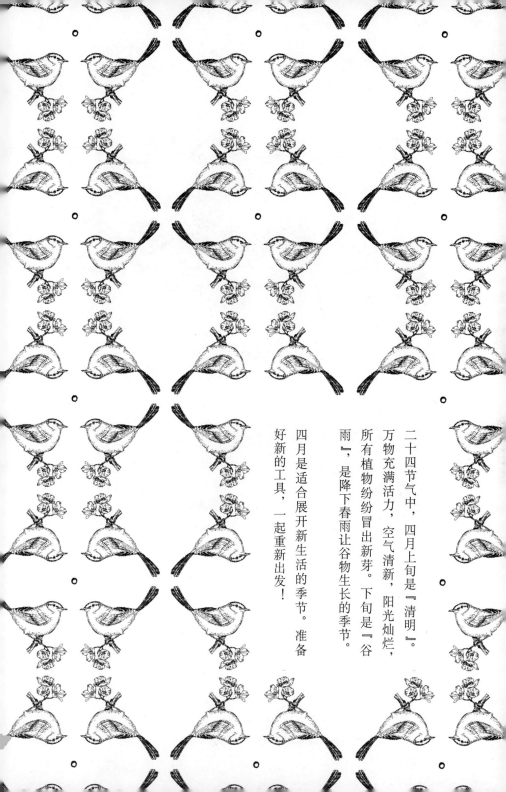

二十四节气中，四月上旬是『清明』。万物充满活力，空气清新，阳光灿烂，所有植物纷纷冒出新芽。下旬是『谷雨』，是降下春雨让谷物生长的季节。

四月是适合展开新生活的季节。准备好新的工具，一起重新出发！

切菜刀

过去日本最常见的经典款，最适合用
来切蔬菜。从这把菜刀就可清楚了
解，以前人们每天都会摄取很多蔬菜。

磨泥板

用铜质磨泥板磨出的食物泥最好吃。
江户时代的百科辞典《和汉三才图会》
（1712 年）中也记载了磨泥板"要用
铜来制作"。

❂ 切菜刀念作"Nakkiriboucho"

切菜刀，是日式菜刀中的经典款，也是过去日本最常使用的一种菜刀。在设计上用来切菜最方便。

切菜刀的日文发音是"Nakkiriboucho"（なっきりぼうちょう／菜切庖丁）。

日式菜刀几乎都是刀刃内外形状不同的"片刃"，切起来的手感多半利落而纤细。但切菜刀却是刀刃双面都研磨过的"诸刃"，刀刃较宽且稳定，很适合用力切南瓜、白菜这些体积较大的蔬菜。

此外，由于刀刃水平，没有刀锋，在将萝卜切丝或是将腌萝卜、小黄瓜迅速切圆片时也能发挥其特长。

以昭和三十八年（1963年）为背景的吉卜力动画《虞美人盛开的山坡》（2011年上映）之中，主角海就用切菜刀切高丽菜丝，搭配火腿蛋跟味噌汤，做了一顿美味早餐。

提到要切却没切断的腌菜，是不是让大家想到《海螺小姐》这部漫画呢？在第11集（朝日文库第135页）中就有这样一幕。海螺小姐到厨房帮忙，结果上桌的腌菜没切断。

长谷川町子美术馆

♨ 使用铜制磨泥板能让食物最美味，
而且能用一辈子

　　四月，是"初鲣"开始上市的季节。

　　初鲣可以佐上大量的姜、大蒜、萝卜一起吃。这些磨成泥的佐料里，含有许多能调整体质的酵素。

　　此外，磨泥板请选用铜质产品。

　　用铜质磨泥板磨出的食物泥最美味。

　　因为铜的质地比较软，可以由匠人手工打造磨齿，由于是手工制造，磨齿不会完全一致，而这正是美味的原因所在。不过，只有山葵磨泥时要用鲛皮(即魟鱼皮)或陶瓷材质的磨泥板(见第148页)。

　　磨萝卜用表面较粗的磨齿，姜及大蒜则用背面较细的磨齿。

　　磨泥板用个十年二十年后，磨齿会变钝。如果是铜制品，还可以送回给师傅重新打造磨齿。一只磨泥板可以重打两三次。也就是说，到木屋或其他能为顾客重打磨齿的刀具店购买磨泥板的话，等于"能用一辈子"。

初鲣，是每个季节第一批时令食材（也就是"初物"）的代表。在江户时期，因为"初物"的价格太高，当局甚至还发出"初物禁止令"。可见日本人多么喜欢在季节初始尝鲜。

引自《守贞漫稿》

曲轮漆器便当盒

木屋的便当盒是用树龄超过两百年的木
曾桧木制作的。用这么高龄的木材制作
的生活用具，现在也越来越少了。

田乐竹扦

江户时期的田乐种类多姿多彩。使用山
椒嫩芽味噌的豆腐田乐，能够令人感受
到春天的气息，直到现代依旧广受欢迎。

♨ 木质便当盒受到人们的重新认识

便当盒的材质有很多种，可以是塑胶或是不锈钢等，但木质便当盒之所以再次受到瞩目，自然是因为它有自己的优点。

木屋使用树龄超过两百年的桧木来制作便当盒。像这类以成长数百年的木材制作而成的便当盒，木材中累积了大量具备耐水效果的油脂，可以放心盛装食物。

此外，由于天然木材透气性良好，盛装饭菜时相较于其他材质不容易腐坏。

更棒的是，它拿起来很轻。

好东西虽然价格稍微高一点，但手工打造的木质便当盒，即使表面涂的天然漆剥落也可以重新上一次，曲轮或山樱皮的零件坏损也能修复。好好珍惜使用，同样可以用上一辈子。

木屋的便当盒盖子和盒子的侧板是桧木材质，盖子的上板跟盒子的底板则是日本花柏。日本花柏的特性是耐水，且没有气味，经常被用来制作盛装食物的器具。

❂ 预告春天降临的山椒嫩芽田乐

现在几乎没什么机会吃田乐*了，但过去田乐是非常受欢迎的一道菜，使用的食材从豆腐、蒟蒻、茄子、小芋头到鲜鱼，包罗万象。

为什么田乐这么受欢迎？因为它就跟寿司、天妇罗、荞麦面一样，是随意拿起一串就能吃的小摊料理，也是速食的一种。田乐当中令人感受到春天气息的，就是在味噌酱中添加山椒嫩芽的田乐，直到今日它仍受到许多人喜爱。

山椒嫩芽田乐的发源店是京都的二轩茶屋。出现在江户的是模仿二轩茶屋的店家。不过，京阪风是以两根分成两叉的竹扦穿过豆腐，而江户风则是只用一根竹扦，且并无分叉。

山椒嫩芽味噌口味的田乐还是赏花时很受欢迎的一种食物。

用青竹制成的木屋田乐竹扦，在视觉上也可以令人感受到清爽的春意。

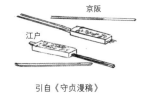

京阪

江户

引自《守贞漫稿》

味噌酱也有京阪风与江户风的区别。使用白味噌，磨入山椒嫩芽的是京阪风；使用红味噌，将山椒嫩芽铺在上方的则是江户风。京都的二轩茶屋至今仍能吃到京阪风山椒嫩芽味噌田乐。

---

* 正式名称为"味噌田乐"，将各种食材串起后涂上添加了味醂、砂糖、椒嫩芽或柚子的味噌进行烧烤。——译者注。本书注释如无特殊说明，均为译者注。

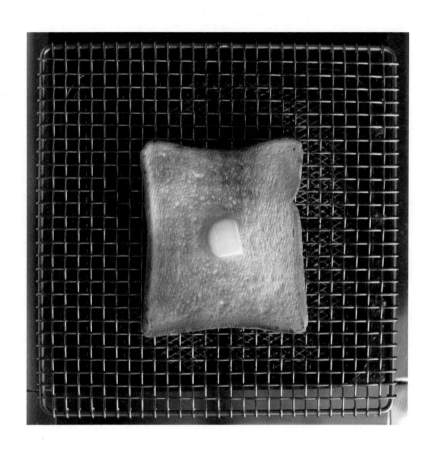

烤网

用烤网烤吐司比用烤面包机来得还快，而且烤起来外表酥脆，内层有弹性，烤痕也特别美，看了就觉得好吃。

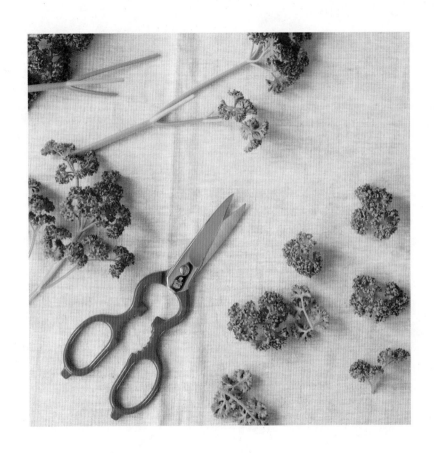

双立人牌厨房剪刀

世界顶尖品牌的厨房剪刀。木屋在昭和
三十五年（1960 年）首次将双立人牌厨
房剪刀引进日本。

♨ 烤网制作，
没人比得上大阪、京都的师傅

烤网是直接放在炉火上用的，因而非常容易损坏。手工细心制作的烤网，最为持久耐用。而且，制作烤网，没人比得上大阪、京都的师傅。

关西地区有非常多烤网品牌，都是由技术精湛的师傅手工打造的。

木屋的烤网也是由大阪手艺高超的师傅手工制作而成。

悉心制作的烤网，看外框和网子的连接处就一目了然。购买时要挑选以手工整齐包边、拥有美丽弧度，并且编织得稳固扎实的产品。

制作得潦草的产品，连接处是随便焊接而成的，一旦直接放在炉火上加热，这部分很容易坏掉。

看似不起眼的小小日用品，由不同的人制作，其使用寿命也会有很明显的差异。

烤网上也可以放耐热的杯子加热。要加热少量的饮料或汤品时，不用微波炉而改用烤网，比想象中方便很多。只是要记得在下方铺一块陶瓷板，避免杯器直接接触到炉火。

♨ 大阪万国博览会，
让日本家家户户少不了厨房剪刀！

"做菜会用剪刀吗？"过去日本人都会这么想。但从昭和四十五年（1970）的大阪万国博览会之后，厨房剪刀逐渐普及起来。

博览会里德国馆销售双立人牌厨房剪刀的摊位（日本的代理商就是木屋）造成了空前的盛况。当时厨房剪刀属于高级的生活用品。而为了纪念这次大热卖，听说木屋的全体员工都收到了一把双立人牌的厨房剪刀当作礼物。

"双立人"（正式名称为 Zwilling J.A. Henckels）是德国索林根的一家 1731 年创业的老字号。打从 1938 年推出厨房剪刀，一直作为世界顶级品牌受到消费者喜爱，并有引以为傲的优良品质。其极具功能的造型自推出以来从来没有改变过。

在大阪万国博览会上，诞生了多项畅销商品。其他还有像是从保加利亚馆获得菌株、由明治乳业推出的酸奶，以及世界首次以自动贩卖机销售的 UCC 罐装咖啡等。

如何区分与使用各种筷子

筷子又称"箸"，日本有各种不同用途的筷子，像是天削、利久、柳箸、竹箸、元禄、小判……大家都懂得怎么区分使用吗? 应该有很多人都不知道吧。在日本，筷子还是祭神时使用的器具，越是恭敬的场合，越重视神圣与洁净的性质。为了不沾染上污渍，平常使用的筷子表面大多会上漆。此外，还有使用象牙、黑檀、黄杨等高级材质制作的筷子。不过要记得，习俗上，将这些重复使用的筷子拿出来待客是很失礼的。这就是为什么就连在小吃店也会使用用完即扔的一次性筷子，因为给顾客用的一定要是全新的筷子。

有贵宾时可以拿出来的一次性筷子

天削箸

筷子的上方削成锐利的角度，被视为一次性筷子中最高级的种类，即使招待最重要的贵宾也不失礼。仿照神社"千木"*的外形，跟利久箸与祝箸这类"两口箸"一样，一侧是给人用的，一侧是神明用的，具有"神人共食"的意义。

利久箸

一次性筷子中的高级品——"利久形"。具体来说就是稍微扁平，中间略粗，两端收细的"两口箸"，角部修整得很平滑。这款一次性筷子是以茶道宗师千利休构思出的"卵中"为基础改良而成的。用来招待重要贵宾也一样不失礼。

---

*　大殿屋顶两侧交叉突起的两根长木。

祝箸

逢年过节时使用的筷子

使用的是末端岔开成"八"字，取这个好兆头的柳木白材筷子。柳树是入春后最先发芽的植物，加上材质坚固不容易折断，洁净的白色质地据说有驱邪的效果。这是用在喜庆场合上的正式的筷子。两侧收细呈"两口箸"，中间略粗，是"俵箸"的特色。详见第 160 页。

利久箸（卵中）

在品茶时使用，或招待重要贵宾的场合

木屋的利久箸使用的材质是鱼鳞云杉（日本叫作"虾夷松"）。鱼鳞云杉没有太重的气味，又有日本人喜爱的色泽，自古就常被用来制作祭神的各种用具。这种筷子不仅可用于茶道或怀石料理，也可以用来招待贵宾。为了不让食物沾在筷子上，建议使用前先将筷子泡水，擦干水后再拿给客人。

竹箸

在品茶时用来分配食物

在品茶及品尝怀石料理的场合用来分配食物。竹子材质的筷子不容易滑动，加上质地轻巧又好用，设计上极有品位。不限于茶、怀石料理这类日式风格浓厚的场合，也可用于一般招待宾客的餐桌上。其实根据礼仪或料理种类，竹箸有的用青竹，有的用白竹，筷子形态也不同，学问更大了。

元禄箸

自家或吃便当时使用的简便筷子

元禄箸的两根筷子中间有浅沟，手持的一侧跟使用的另一侧磨掉了四个角。这种筷子属于中级品，如果拿出来招待重要贵宾会被视为失礼。平常自己家里使用，或是吃便当用的话没问题。再低一个等级的，就是只磨了角却没有中沟的"小判"，或是留下四个直角只有中沟的"丁六"。

五月

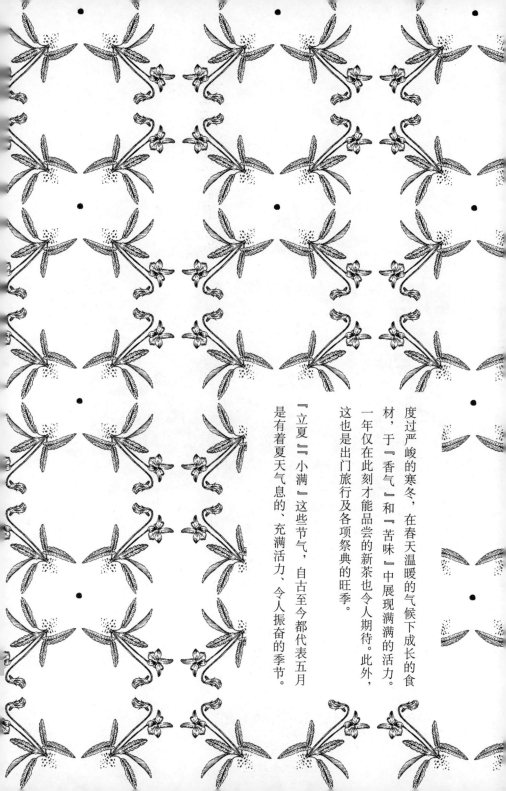

度过严峻的寒冬，在春天温暖的气候下成长的食材，于「香气」和「苦味」中展现满满的活力。一年仅在此刻才能品尝的新茶也令人期待。此外，这也是出门旅行及各项祭典的旺季。

「立夏」「小满」这些节气，自古至今都代表五月是有着夏天气息的、充满活力、令人振奋的季节。

常滑烧茶壶

挑选茶壶的诀窍就在于不要太贪心选大
的茶壶。最理想的大小是一次只冲泡要喝
的量。因为小茶壶泡出来的茶比较好喝。

亲子锅

迎接春季的时令食材——鸭儿芹与鸡蛋，能让人充分享受两者完美搭配的料理就是亲子盖饭。这道诞生于明治时期的菜色，发明者是谁，对此众说纷纭。而且，用来做亲子盖饭的亲子锅，也不确定是谁发明的。

♨ 常滑烧传承的优点，
梅森与皇家哥本哈根也比不上!

木屋对常滑烧的茶壶非常讲究。常滑烧的土质颗粒较细，容易塑造出想要的外形，加上具有黏性，也能制作成细孔隙的滤茶网。

因为有这么优质的土壤，常滑自古就传承了精湛的技术，无论号称多高级的梅森（Meissen）及皇家哥本哈根（Royal Coperhagen）也比不上。例如，仔细研磨壶盖的"盖折"技法。运用这项技法，让壶盖盖上时与壶身密合，成为密闭状态，即使把茶壶颠倒，茶水也不会渗出。此外，倒茶时也不会从茶嘴测漏。

常滑烧的滤茶网部分细致得令人惊讶，这是常滑"高资陶苑"所传承的精湛技术。

没有上釉的常滑烧茶壶，使用得越久，光泽变得越深，茶香与茶叶成分附着在陶土上，据说还有去除杂味的功能。茶壶的价值之一，就在于养壶的乐趣。

滤茶网部分

本尼迪克特·康伯巴奇（Benedict Cumberbatch）主演的热门影集《神探夏洛克》（Sherlock）第一季第二集"银行家之死"中，也出现了越使用越有风韵、泡的茶越好喝的茶壶。这只具有四百年以上历史的茶壶，掌握了破案关键。

☺ 鸭儿芹是三春的季节语，
代表结缘好兆头的食材

鸭儿芹又称三叶芹，产季从三月到初夏。俳句中也以鸭儿芹作为三春（二月~五月）的季节语。这是少数原产于日本的蔬菜。将一根鸭儿芹迅速汆烫，对半折叠再打个结，就叫作"三叶芹之结"。

大家知道吗，包括杂煮（年糕汤），以及喜庆宴席上的汤品，都习惯放上三叶芹之结来装饰。它做法简单，大家都会，而且还代表"结缘"的好兆头，是讨吉利的装饰。

鸭儿芹很适合搭配鸡蛋，鸡蛋也是春天的时令食材。要用时令的鸡蛋跟鸭儿芹做亲子盖饭，最推荐能将鸡蛋完美控制到半熟的亲子锅。

亲子盖饭的做法，是在加热的高汤中加入冷的鸡肉、洋葱、蛋液等材料，因此锅子的材质要挑能够迅速均匀受热的铝或铜最为理想。

根三叶芹散发野生风味；白三叶芹的茎呈白色，带着高雅风味，通常在新年使用；绿三叶芹的风味较根三叶芹温和，质地也柔软。

引自《大和本草》

味噌漏勺

虽然现在不像过去，制作味噌的黄豆必
须用漏勺沥干，但在一次混用多种味噌，
或是清洗少量食材沥掉水分时，味噌漏
勺还是很好用。

竹叶皮

春季赏花时，竹叶皮与饭团，令人想到
国宝级画家尾形光琳（1658～1716年）
留下的华丽传说。

♨ 味噌漏勺是坏兆头的工具?

　　有个关于"筛子店"（笊屋）的落语*段子。一般而言，卖筛子的人在推销时会喊着"卖筛子——卖味噌漏勺——"。但由于在料理时使用味噌漏勺的动作会讲成"放下味噌漏勺"，让人觉得味噌漏勺代表了坏兆头，为了讨吉利，店家老板后来就改喊"米上来了——把米捞上来的筛子——"于是买卖股票的某家听了这个叫卖声非常喜欢，邀了此人到家中。筛子店的人开始不停说着"卷上门帘""抬上货物""上野""叫上表演的艺人""上茶屋去"，等等，开口闭口都加了"上"这个吉祥字，哄得买卖股票的这家主人不停打赏他。江户时期的百科辞典《和汉三才图会》中，也同时介绍了味噌漏勺与米筛子，可见两者都是众人自古熟悉的用具。其实味噌漏勺也可以放入食材清洗，或用来沥干水分，因此只要加个"上"字，讲成"用味噌漏勺捞上来""煮熟捞上来"等，一样可以成为好兆头的用具。类似这种用文字游戏来炒热气氛的巧思，真希望能运用在生活之中。

江户末年流行一种叫作"味噌漏勺格子"的图案，是在粗框的大格子里搭配细框的小格子。看起来就像是用细竹子编织后再用粗竹条补强的味噌漏勺，因此而得名。

---

*　类似单口相声。

☯ 从饭团的外形获得力量

饭团最早是士兵的食物，到了江户时期则经常被当作看戏时的便当。饭团的配菜有蒟蒻、烧豆腐、鱼板、日式煎蛋卷（出自《守贞漫稿》）。做法跟现在一样，在手上沾上盐，再将米饭捏成形。关西地区多捏成小圆柱状，并在表面撒上黑芝麻；江户地区则以圆形或三角形为主流，从江户时期就有做饭团的木制模型。无论圆柱状、圆形或三角形，都很适合重要的场合。例如长途旅行，或是重要的外出，带着象征吉利的饭团出门，便能从中获得力量。

提到竹叶皮与饭团，创作出《燕子花图》等作品的尾形光琳曾有个小故事。相传，一群京都的富商相聚游岚山时，光琳拿出了用竹叶皮包裹的饭团。这位平时极尽奢华的京都第一富商之子，居然带了这么简陋的便当，对此其他人无不感到惊讶。然而没想到，竹叶皮的内侧竟有光琳以金箔与银箔所描绘的画作。据说，光琳在吃完饭团后，便静静将竹叶皮置入河中冲走了。

羊羹

日本料理中"光琳厘"这种器具（在竹叶皮上贴金箔），就是从尾形光琳的便当演变而来。竹叶皮具有防腐效果，还能吸收多余的湿气，自古就被用来当作包裹食材的材料。《和汉三才图会》里也刊载了用竹叶皮包裹的羊羹及米粉糕的插图。

中出刃刀（鱼刀）

五月有些节庆和青花鱼渊源颇深。青花鱼、竹荚鱼、沙丁鱼、鲣鱼……家中只要有一把中出刃刀（鱼刀），几乎所有鱼类都能料理。

捶打寸胴铝锅

表面的花纹是用铁锤捶打出来的痕迹。
不但能强化锅身，还能增加表面积，加
强导热效果。这是日本自古以来特有的
工艺技法。

❂ 五月问候时要吃烤青花鱼素面

　　青花鱼（鲭鱼）的产季在秋天，但北大路鲁山人曾形容过若狭的春鲭"油脂的分布恰到好处，是令人难以抗拒的好滋味"。

　　在若狭湾附近的滋贺县湖北地区有种习俗，插秧的农忙时期，出嫁女子的娘家会送烤青花鱼到婆家，这叫作"五月问候"。

　　这种春祭或是五月问候等节庆料理，传承下来就成了将烤青花鱼和素面一起用高汤炖煮的"烤青花鱼素面"。

　　其实，青花鱼本来就是象征吉祥的鱼。中元节时日本全国都有馈赠"刺鲭"（将两尾剖开的鱼干从头部串在一起）的习俗，在祭典及节庆的宴席上也会吃青花鱼寿司。如果家里经常料理青花鱼等各种鱼类，有一把中出刃刀(鱼刀)会非常方便。小至沙丁鱼，大到鲣鱼、鲑鱼，一般家庭经常食用的鱼类都能处理。

引自《都名所图会》中葵祭的情景

五月十五日在京都举办的葵祭，也会吃青花鱼寿司。公元 567 年，风灾水患造成农作物歉收、疾病流行，人们为了祈愿五谷丰收而举行祭典，葵祭便因此而来。葵祭是历史悠久的贵族祭典，在《源氏物语》中也有记载。

♨ 与太鼓圆锅对抗的寸胴锅？

"寸胴锅"，其实就是西洋料理使用的深锅"stockpot"传到日本后的名字。取了这样一个名字，实在是很有意思。*

另外，法国的汤锅"marmite"的特色是外形呈现"太鼓腹"的模样。自明治三十六年（1903 年）在《报知新闻》上连载的料理小说《食道乐》里面也刊登了圆圆的西洋汤锅图片。

或许因为 stockpot 的外形看来比 marmite 灵巧，所以才得了"寸胴锅"这个名字。寸胴锅的锅口收窄，里头汤汁不容易蒸发，放入整只鸡、牛骨、许多蔬菜熬高汤时，或是要制作大量的汤、炖煮料理时都很方便。木屋的寸胴锅是捶打铝锅，表面上有数不清的捶打痕迹来强化锅体。如此一来，表面积增加，让铝锅原本已经很好的导热性得以进一步提升。

曾有一段时间铝被认为是导致阿兹海默症的病因，使得铝锅也从百货公司中销声匿迹。但目前这个说法已经被完全推翻。过去也有人说过铜锅的铜绿对身体有害，现在也证明没有害处。各种材质的锅具都能安心使用。

引自《食道乐》汤锅图

---

* "寸胴"也指躯干从胸到腹部没什么弧度起伏的直筒状。

挑选砧板

砧板只限猫！？

挑选砧板有几项基本原则：木纹跟木色要漂亮；树木种类、树龄要含有耐水效果的油分；要有"硬度"和"复原性"，这两点会影响砧板是否容易受损，而受损则是细菌繁殖的主要因素；还要有"弹性"，这样的砧板不会伤到菜刀刀刃。一般家庭使用的话，要挑选长度超过 30 厘米的尺寸。此外，硬质树脂材质的砧板的优点是不会发霉，也不会因为受损而滋生细菌，方便清洁，但因为不像木材那样有弹性，因此缺点是会缩短菜刀的寿命。站在刀具店的立场，实在无法真心推荐。

过去在日本料理师傅之间据说流传着一句话："砧板只限猫。""咦？猫？"相信不少人感到纳闷，但其实这里的"猫"指的是"猫柳"*。然而，因为柳树的品种很容易混杂，现在最适合制作砧板的猫柳似乎也很难找了。

一般市售的砧板之中，以整片原木制成的木纹划一的"柾目"砧板最佳，这样的砧板不容易变形，但价格非常高。而可看到树木年轮的"板目"，或是由几片木板拼合而成的非整木砧板，只要好好挑选，一样可以使用很久。

柾目

板目

---

* 即"细柱柳"。——编注

银杏

木纹、色泽都很美。因为树型较大，比较容易制作一整片原木的砧板。树木的气味是一大特色，但放几天之后就能去除。由于银杏富含油分，所以具有耐水效果。刀刃切面平均，不容易受损，很好清洁。

桧木

木纹、色泽都很美。能用来制作成砧板的大小，都是树龄超过两百年的桧木，含有油分，具耐水效果，很好清洁。这么高树龄的桧木数量并不多，建议趁现在买起来收藏。

日本厚朴

虽然色泽带点绿，但硬度很适合用来做砧板，不容易受损，可长期清洁使用。料理研究家辰巳滨子在昭和四十年（1965年）出版的《营养与料理》中曾写道："人家说厚朴木做的砧板很好，我也有一块大块的。"

日本花柏

因为能用来制作砧板的桧木越来越少，所以花柏制的砧板逐渐增加。木纹跟色泽都很美，特色是没有气味。日本花柏是常用来制作饭桶、盒盖等用具的木材。优点是有弹性，不会伤到刀刃，而且耐水性强。

六月

梅雨季来临。

这是菜刀容易生锈，木制器具容易发霉的季节。

正因为在日常生活中亲手维护保养，才会对这些器具更加爱不释手。

好的工具可以用上好几十年，陪伴自己一生。

清洗方式、收放诀窍，都要一一学会。

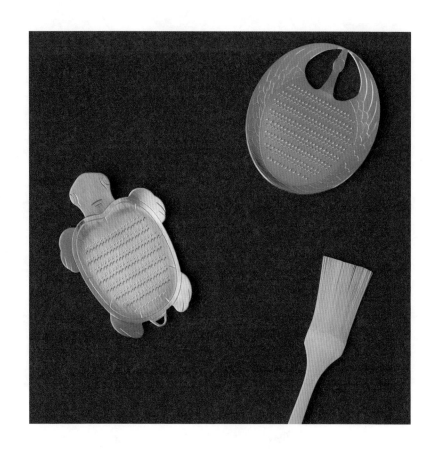

鹤龟磨泥板

鹤龟自古就是代表吉祥的象征，历史悠
久。鹤龟磨泥板是由制作木屋铜制磨泥
板的大矢制作所设计的。

物相型

使用各色食材装饰后的饭团,用物相型塑形,就变得像豪华的小蛋糕一般。在婚礼或庆生会等喜庆的场合,就尝试使用物相型来为餐桌增添色彩吧。

❂ 致赠白龟当作礼物，
六月十六日为嘉祥之日

欧美相传在六月结婚的新娘会很幸福，称为"六月新娘"。六月的"June"，来自罗马神话的朱诺（Juno）（相当于希腊神话的赫拉，是司掌结婚、母性、贞操的女神）。女性希望能像女神那样，成为幸福的妻子、母亲，但其实赫拉是横刀夺爱。她烧死丈夫的情妇与私生子，或派出蟒蛇、巨人攻击他们，把他们变成熊……总之是个非常危险的女子。

根据婚礼杂志《Zexy》在2014年做的调查，日本全国举行婚礼的月份当中，第一名是十一月，六月则是第三名。看来六月的传说在日本也有效。庆祝结婚的贺礼，挑选带有喜气的鹤龟磨泥板如何？

六月也有与龟渊源深厚的嘉祥节庆。公元848年，仁明天皇接受了献上的白龟，为表庆祝而将年号改为"嘉祥"。六月十六日，天皇与大臣享用与"十六"有关的美食，这就是"嘉祥食"。后来每到嘉祥日，吃跟"十六"有关的食物这样的习俗也传遍全国各地。

《千代田之御表六月十六日嘉祥之图》

嘉祥的习俗有很多。"用十六块糕饼或年糕供神之后食用""十六岁的女孩剪去袖子，用嘉祥针法缝好，在盛装甜馅包子的盘子上开个洞看月亮"等。因为过去的这些习俗，现在六月十六日也成了"和果子之日"。

ꙮ 因为好吃且量少，
所以在食用时特别珍惜

禅寺里的午餐，还有将茶道中的怀石简化的料理、便当，都称为"点心"。点心以"物相饭"为主，搭配几样小菜。

"物相饭"，就是用模型塑形的饭团。

话说回来，禅宗的餐点无论多好吃都不能再续加。由于要让大家懂得珍惜食物，通常分量也比较少。

用模型塑形的物相饭也包含了这种观念在内。

物相型常见的外形有松、葫芦、梅、樱、扇、千鸟等，全都是日本自古以来代表季节感及好兆头的图案。

物相型也算是一种押寿司模型。

香川的乡土料理鳝鱼（蓝点马鲛鱼）"押拔寿司"，就是使用扇形等传统模型做成的押寿司。当地至今还保留着这样的模型。除了押拔寿司之外，当地人还会用鳝鱼做成各类佳肴，分送给亲朋好友，这项仪式活动就称为"春祝鱼"。

鳝鱼押拔寿司

供佛的白饭也会使用圆柱状的模型堆得高高的，称为"物相饭"。在各地都有使用模型把饭堆得像小山一样食用的祭典，像在茨城县有鹿岛神社的活动，称为"大饭祭"（十二月），福井县的国中神社则有"牛蒡讲"这个祭典（二月）。

常滑烧瓮

六月是开始制作腌梅干的季节。腌梅干
原本是战地食物，上杉谦信跟德川家康
也很爱吃。到了江户时代之后，才成了
一般家庭中的食物。

饭台

木制寿司饭盆，称作"饭台"。一般家用饭台在昭和
四十年代（1970 年代~ 1980 年代）逐渐普及。在月
刊《营养与料理》（1935 年创刊）昭和三十二年（1957
年）某一期的散寿司食谱中，制作醋饭时用的是木碗。

☾ 六月是腌梅的季节，
知道红褐色瓮壶的秘密吗？

一提到腌梅干，人们是不是就会联想到外表有类似黑色水滴图案的红褐色瓮壶呢？

这就是常滑烧。常滑烧的历史悠久，早在九百年前的平安时代末年就已开始制作。常滑的土质带有黏性，优点是能做出尺寸较大的瓮壶，而且能在相对低温下烧制，因此过去做出过很多大型的保存容器。

制作腌渍菜最重要的一点，就是培育乳酸菌、酵母菌等发酵所需的菌，同时又要抑制有害菌的繁殖。陶瓷瓮壶相较于其他材质不易受到温度变化影响，加上表面不容易损伤，最适合用来制作腌渍菜。

此外，陶瓷容易出现盐分渗出的现象，经常会使得容器出现裂痕或破掉，但烧制得紧密的常滑瓮不会有这样的现象，非常适合用来制作加盐的腌渍菜及腌梅干。

常滑烧的瓮壶

制作标准款常滑瓮的厂商在 2014 年停业了。目前虽然还有库存贩卖，但卖完之后就没了。为什么一提到腌梅干就会联想到红褐色的常滑瓮呢？这背后是有原因的，但不知不觉让大家淡忘，而且市面上再也买不到了，真的很可惜。

☉ 六月二十七日是"散寿司日"，
是从内田百闲也吃过的冈山寿司而来

冈山的散寿司，以用料多到满出来而闻名。

1651 年，备前冈山藩遇到洪水侵袭，为了振兴地方，藩主池田光政下达了"每餐一汤一菜"的节约令。民众为了对抗这道命令，在散寿司中加入大量材料，做出奢华的一道菜。这就是冈山散寿司的起源，后来人们还将池田光政的忌日定为"散寿司日"。

饭台是到了 1970 年代、1980 年代才普及到一般家庭的。

过去只有营业用的饭台，后来百货公司出现了家庭用的饭台，加上电视上的料理节目中也使用，才一举热销。

木屋的饭台使用的是树龄超过一百三十年的木曾花柏。日本花柏没有气味，又含有油分，是耐水性很强的木材。加上树龄长，油分充足而优质，可长保清洁地使用。

冈山出身的小说家内田百闲在《祭典寿司·鱼岛寿司》这篇散文中提到了冈山的散寿司。文中提到的用料种类繁多，相当豪华："葫芦干、香菇、木耳、高野豆腐、豆腐衣、蒟蒻干（也有人加入银杏）、豌豆角、慈菇、土当归、款冬、竹笋、牛蒡、胡萝卜、莲藕、油豆腐、鱼板、虾、乌贼、鲷鱼或比目鱼、煎蛋卷、海苔、红姜片。"（引自中公文库《御驰走帖》）

有田川町产的棕榈鬃刷

鬃刷的纤维呈三百六十度放射状排列，
因此纤维前端一定能接触到各个角落，
无论便当盒或饭桶都能洗得很干净。还
可以煮沸消毒，随时保持清洁。

磨刀石

作家幸田文、泽村贞子等擅长做菜的人都是自己磨菜刀。大家也用磨刀石来挑战看看吧。万一失败的话，再请专业师傅保养就可以了。

⚘ 梅雨季必备小知识：
砧板最理想的清洗方式

六月是梅雨季节，包括砧板等各类木制品都很容易发霉。砧板用鬃刷和粗盐刷洗可以洗得最干净。切过生肉或鲜鱼的砧板也用同样的方式清洗。其实使用中性洗洁剂跟海绵来清洗的话，洗洁剂残留的状况比想象中严重，这也是导致发霉的原因。想用洗洁剂的话，最好先用水稀释两到三倍，然后在觉得"这样应该冲干净了"之后，再冲个两到三次。鬃刷应随时常备多个，分开使用，保持清洁最重要。

目前唯一日本国产的鬃刷，就是和歌山县有田川町产的棕榈鬃刷，完全不使用化学药品，依照传统方式制作。给牛蒡或薯类去除脏污或者去皮均可，甚至摩擦肌肤也无妨。比外国制的鬃刷更柔软，也不会伤到有铁弗龙涂层的锅具或玻璃餐具。听说东京会馆的主厨会在使用昆布前，用棕榈鬃刷轻轻去除掉昆布表面的脏污，不但不会损伤到昆布，还能做出鲜美的高汤。

制作鬃刷的棕榈皮师傅已经不存在了，日本国产的棕榈皮传统也已经失传。目前让这项技术复活的唯一一家商店，就是高田耕造商店。木屋也在贩售高田耕造商店的鬃刷。鬃刷是以"点"来去除污渍。先用水让沾上的脏污或焦渍浮起来，之后再用鬃刷轻轻刷掉。

江户时期的扫除工具，鬃刷是在明治时期才出现，引自《和汉三才图会》

♨ 正因为六月是容易生锈的季节，
更要仔细磨刀，别让菜刀生锈了

　　磨刀石大致上可以分成三种：颗粒较粗的、中砥，以及修饰用的。

　　入门者请用"中砥"。如果是一般家用菜刀，用中砥磨刀石可以磨不锈钢刀或钢刀。不锈钢刀磨过之后切起来也会比较利。

　　研磨之后，磨刀石也会变得不平整，因此需要保养。最简单的作法就是先到居家用品大卖场，或是网购平台亚马逊，购买大约三十厘米的方形铺石或庭石，价格差不多三百日元。再将铺石跟磨刀石用水沾湿，在铺石上摩擦磨刀石，这样磨刀石就会变得平整。

　　菜刀也要留意不要生锈，六月是尤其容易生锈的季节。菜刀使用过后用水沾湿，再用"除锈石"这类工具研磨，等到完全干了之后再收起来。没有除锈石的话，就倒点去污粉在菜刀上，用软木栓来研磨，也是一种方法。

要磨菜刀，或是为了防锈而使用去污粉，推荐使用花王的"New Homing"或是"Super Homing"这类容易购得的品牌。

单面刃菜刀的磨刀方式

　　自己日常使用的工具最好能自行保养——这是刀具店的真心话。只要遵照木屋传授的磨刀方式去做，任何人都能自行研磨菜刀。在自家勤加研磨保养，就能保持菜刀锐利好用，能用得长久，做起菜来也好吃。一般家庭使用的话，首先要准备一块"中砥"的磨刀石（见第 59 页）。当然，如果还是觉得"不懂得磨刀的方法""自己磨刀好麻烦"，不用勉强，交给专业师傅就行。如果自己尝试失败，也可以再拿到刀具店来。木屋当然不用说，一般刀具店也几乎都会提供保养服务。

1

菜刀以四十五度角斜放

先用水将磨刀石沾湿，下方垫一条湿布，磨刀石直放。接着，将菜刀以四十五度角斜放在磨刀石上。用右手握刀时，将右侧的菜刀面贴着磨刀石。

2

刀刃斜抵着磨刀石

单面刃菜刀，刀刃有个倾斜的角度。首先，顺着刀刃的角度抵住磨刀石，沿着这个角度稍微抬高一点点研磨。

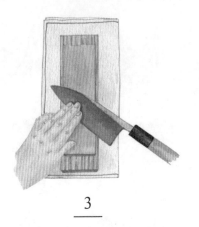

3

用三根手指头辅助

将左手的三根手指头轻轻贴在刀上，辅助上下移动研磨。磨到刀刃出现一些颗粒碎屑（毛边、金属毛口）时就结束。接下来再将手指贴在旁边，研磨其他地方。

4

分成四部分来磨

不要一次磨整面刀刃，分成四部分，依序研磨。磨完正面之后，背面也依照同样的步骤研磨。把整片刀刃磨到同样出现粗粗的金属毛边。

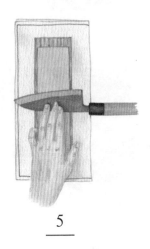

5

背面也要磨

磨背面时，刀刃以九十度贴着磨刀石。单面刃菜刀就直接平贴在磨刀石上。刀背也一样，从刀尖开始分成四部分，依序磨下来。

6

在木台上去除金属毛边

正反面都磨完之后，将刀刃轻轻贴着磨刀石下面的木台，把附在刀刃上的细细的金属毛边刮掉。最后用水把菜刀清洗干净，再完全擦干即可。

七月

在梅雨结束后的七月上旬到二十日左右，是二十四节气中的『小暑』，一年之中最热的七月下旬到八月上旬则是『大暑』。

了解在夏季才有的食材怎么吃最好吃，学会自古以来日本凉爽避暑的各项巧思，来度过炎炎夏日吧。

洋菜推刀盒

洋菜可不只是故作风雅且怀旧的食物。
它富含食物纤维，具备整肠效果，还有
助于降血糖，因而广受瞩目。

中式蒸笼

不使用油，光靠蒸气就能加热的"蒸笼"，
将会是接下来受到关注的健康且安全的
料理用具。以毛竹编织而成的美丽上盖
是中式蒸笼的特色。

❂ 洋菜是佛祖之镜

　　洋菜自古就是避暑的重要食物。虽然不像现在这样能够用冰箱或是冰块冰得透心凉，但洋菜过去很受欢迎，经常出现在夏日街角的绘画上。

　　从画上看得出来，过去使用的工具跟现在一样。用洋菜推刀盒把洋菜切成细丝，盛在盘子里。那时会淋上砂糖、酱油、姜和醋一起吃。

　　洋菜是从中国传到日本的一道素食料理，它被当作中元节的贡品，或是其他仪式庆典时的食物。在青森、长崎，有些地方把洋菜称作"佛祖之镜"，习俗上会将洋菜切成圆形或方形来作为贡品。外形美得像是玻璃艺术品的洋菜，不仅令人感到凉爽，更能让人从中获得一股神圣的力量。

　　现在，洋菜因为富含食物纤维，以及有助于降血糖而受到瞩目。洋菜从室町时代被人们食用至今，先民的智慧终于得到了科学的印证。

贩卖洋菜，引自
《守贞漫稿》

在两国桥边贩卖洋菜的小摊，
引自《绘本江户爵》
插图·喜多川歌麿

引自《职人尽绘词》

☝ 可以无油加热并沥掉多余油脂，
蒸笼是能做各种灵活运用的用具

七月是各种蔬菜的产季，像是玉米、栉瓜、秋葵、茄子、彩椒。

用中式蒸笼来蒸夏季蔬菜，不须用油，还能保留养分，非常健康。多余的水分会被木竹材质的上盖吸收，蒸熟的食材饱满软嫩。

木屋的中式蒸笼，是由日本顶尖匠人大川蒸笼店的大川良夫先生制作的。大川良夫是现今日本唯一一位制作马毛筛网的匠人。此外，大川师傅也制作相扑选手上场前净身时用来舀取"力水"的长柄勺。

蒸笼上盖的毛竹竹片之间还挟着桧木材质的薄木片，能够充分吸收水分。蒸笼主体的曲轮＊用的是吉野桧的木材，以山樱皮连接，即使损坏也能修补，而且使用日本国产材料制作更令人放心。

蒸笼的老祖宗是"甑"，一种使用陶土、桧木和竹子制成的蒸煮容器。在二十世纪六七十年代之前，一般家庭也会使用。根据《和汉三才图会》里的内容，甑里蒸气形成的垢涂在舌头的伤口上据说有疗效。

甑，引自《和汉三才图会》

＊　即木圈部分。——编注

渍菜木桶

对于"担心木桶发霉或漏水"的人来说，可以使用日本花柏制成的木桶。这种木材耐水性强，富含具有耐水效果的油分，制成的坚固木桶一点都不难用。

腌梅干与竹筛

腌梅干在过去的习俗当中，是每天都会
食用的食物，现在也可以如此食用。若
是自制腌梅干，晾梅干时使用一般的便
宜筛子也无妨。挑选尺寸大一点的会比
较方便。

❂ 用传统木桶制作发酵食品

用夏季蔬菜来做米糠酱菜吧。

做腌渍酱菜的容器多半使用珐琅、陶瓷、玻璃等材质，其实也有不少人认为，制作发酵食品最适合的容器是木桶。

天然木桶在木肌中会有发酵所需的酵母菌及微生物，能帮助酱菜熟成并变得更美味。据木曾桧的批发商表示，酱菜店在委托制作新的酱菜桶时，会要求用上一片旧木桶的"榑"（制作桶身的木条）。

由于旧桶的木条上附着了这家酱菜店的微生物，这么做即使使用新木桶也能酝酿出该店特殊的风味。

附着在木桶上的微生物有多珍贵呢？

不仅酱菜，包括日本酒、味噌、酱油等多种发酵食品，现在也多使用木桶来制作，由此可知其重要性。

在《四季渍物盐嘉言》（1836 年）这本天保时期的酱菜食谱中，米糠酱菜也是使用木桶来制作。当时用盐量非常多，但基本的做法跟江户时期还有现在都差不多。

引自《四季渍物盐嘉言》

070

☙ 如同"一日一梅避灾难"的谚语，腌梅干是每天必吃的食品

腌梅干的时候要将梅子跟盐、紫苏一起腌渍后，等到梅雨季结束时在阳光下晾干。一般来说，在立秋之前的"土用"期间会晾个三天，这种传统晒法称为"土用干"。

"土用干"的晒法也可应用在衣物及书籍上，能够防霉及防虫。

"土用"是立春、立夏、立秋、立冬之前的约十八天。夏季土用是从七月二十日左右到八月六日这段时间，也是一年之中最热的时候。"土用"是根据太阳的动向来决定的，每一年的日期都不同。夏季土用为了防止中暑，据说要吃日文中有"う"（u）字的食物，其中最有名的就是鳗鱼（うなぎ·unagi），此外腌梅干（うめぼし·umeboshi）也是（但据说鳗鱼不能跟腌梅干一起吃）。

尤其是腌梅干，它有益健康，又是象征吉利的食品，甚至有句谚语说"一日一梅避灾难"，自古就是开启美好一天的食品。事实上，腌梅干含有柠檬酸，可以消除疲劳，具有整肠效果，科学上也证明了每日食用好处多多。

筐

掼稻簟

在《和汉三才图会》中提到，"笊"（竹筛）是摘下桑椹之类的果实后用来盛装的容器，而"掼稻簟"（粗竹席）则是用来晒干谷物的工具。但也附加说明，在日本，晒干谷物时更为常用的是以稻秆、麦秆制成的"藁筵"（草席子）。

素面

素面是非常重要的节庆食物。盛在饭台里，展现清凉的风情。饭台要先装水，待膨胀之后再端到餐桌上，否则会漏水。

菜刀与番茄

照片中的牛刀是木屋石田总务部长的，
已经用了超过四十年。原本二十一厘米
长的刀刃，现在已经变得像西式小菜刀
那么大，但切起来还是很锋利。的确是
能用上一辈子的良伴。

♨ 七夕，还有中元节，
素面是七月重要的节庆食品

　　在江户时期就有七夕当天供奉、食用素面，或是彼此致赠素面的习惯。此外，对于仅次于正月的重要节庆，也就是七月中元节，素面也是不可或缺的食物。

　　七夕当天食用素面，据说是由于人们将素面比作织女与牛郎传说中的天河和织线；另外也有一说是，素面习俗是为了镇住带给人们病痛的鬼神。《和汉三才图会》中提到，中国的皇子在七月七日过世后，成了独脚的鬼神，带给人们疾病，为了安定他的鬼魂必须供奉面饼，后来才演变成供奉素面。还有个说法，过去在中国，人们为了祈求能够像织女一样织布或精通女红，会过"乞巧节"，供奉的索饼后来就演变成了素面。七月七日，女子会用五色的彩线穿针，感谢细线，用面粉加入蛋跟牛奶做成一束像细线的食物，油炸之后就成了供奉用的索饼。

引自《和汉三才图会》

七夕
引自《北斋漫画》

引自《和国诸职绘大全》

♨ 番茄变得难切时，就是该磨菜刀了

当用菜刀切番茄觉得难切时，就该磨菜刀了。切洋葱时会流眼泪，也是因为用了不锋利的菜刀。

很多人以为番茄是夏季蔬菜，其实真正的产季是春、秋两季。

但番茄出货量的最高峰是在夏季，夏季的番茄价格也便宜，全国的农民都在研究夏天的美味番茄。

日本是在明治时期才开始食用番茄。明治时期的热门料理小说《食道乐》中曾提到："红茄子在田里种下后收成丰富，但一般人还吃不习惯，或不晓得，并不重视。多吃几次会发现真的很美味。"这表示当时知道这种蔬菜的人还不多。不过，接下来书中也说："若是不懂得红茄子的美味，则谈不上知道西洋料理。"书中还介绍了包括酱汁、汤品、镶馅、沙拉、三明治、蔬菜酱等在内的，种类多得惊人的各式番茄食谱。

据说岐阜县的住持在 1791 年绘制的动植物图鉴《东莠南亩谶》中画了以 "六月柿·珊瑚珠茄子" 为名的番茄。番茄在六月开花，七月中旬结成的果实如同红珊瑚，到了八月成熟。

米糠酱菜食谱

米糠酱菜从米糠渍床里拿出来马上吃最美味。自家制作不但好吃便宜，还没有添加物，再好不过。如果有一两天没办法搅拌米糠渍床的话，可以在表面多撒点盐，密密盖上一层厨房纸巾，放置在阴凉处。如果要放上更多天不搅拌，就要收进保鲜袋或密封容器里，放进冰箱保存。

材料　生米糠 1.5 公斤　※ 新鲜米糠
　　　　辣椒 6 根

A ┌ 盐 225 克（为生米糠重量的 15%）
　└ 水 6 杯

食谱设计：料理研究家／营养师 今泉久美

1

生米糠与盐水混合

在不锈钢或珐琅材质的锅子里将 A 煮沸后放凉。将生米糠放进木桶内，跟放凉的 A 充分拌匀到跟味噌的软度差不多。生米糠可以在米店或 Amazon 等处购买。

2

制作米糠渍床

加入辣椒，把表面抹平。把高丽菜的外层叶片，或是萝卜皮等蔬菜碎屑往里塞，抹平渍床表面。另外也可以加入昆布。

3

每天搅拌

将木桶内侧沾上的米糠用厨房纸巾或抹布擦干净，盖上盖子。米糠渍床在夏天时须早晚各一次从底部整体搅拌均匀，冬天则一天一次。

4

米糠渍床完成

蔬菜碎屑变软之后就换新的，记得最后一定要把表面抹平，还有擦掉沾在木桶内侧的米糠。同样的步骤反复约一星期后，米糠的臭味消失，质地变得平滑。

5

腌渍蔬菜

蔬菜清洗后擦干水腌渍。在蔬菜表面上沾点盐，可以渍得比较入味，但也视个人喜好。至于腌渍的时间，小黄瓜约四个小时，纵切的胡萝卜和带皮芜菁则需要半天到一天。

6

渍床的维护管理

渍床的量减少就要增添米糠，并且要插入排水器排除多余水分。排水器可以在厨具用品店买到。要是觉得腌好的酱菜偏酸，就在渍床里多加点盐。

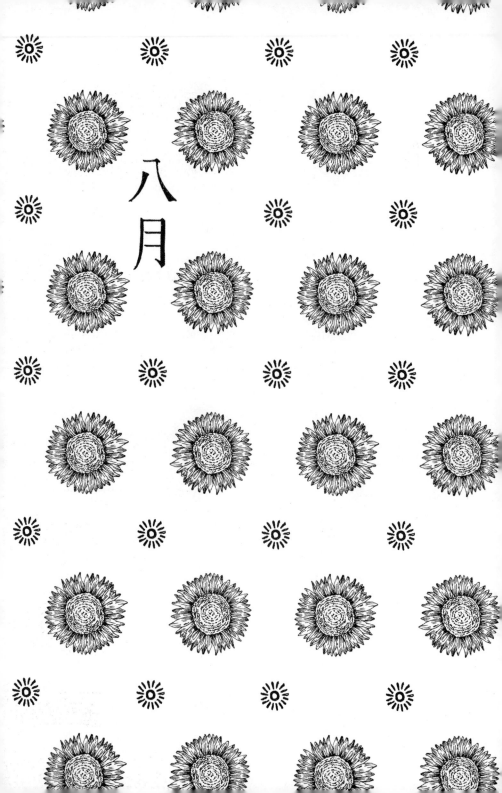

八月

旧历的八月七日便是秋天的开始，即『立秋』。这是一年最热的一天，隔天起就是『残暑』（立秋后依然暑热的时节）。『立秋』是开始令人感到秋意的季节。

八月二十三日起是『处暑』，暑气逐渐消缓，阳光与风都令人感觉到夏日的脚步在离去。

福井锅铲

梯形抹刀原先是用来涂漆的，后来被人
们当作烹饪器具使用。这一变化的经过
据说与被称为"日本生活设计之父"的
秋冈芳夫有关。

薄刃刀

旋切白萝卜、切生鱼片的配菜、切葱丝等，将蔬菜切成薄片、细丝等，发挥细致刀工时，就使用薄刃菜刀。它美丽的切口令人着迷。

☙ 设计三菱铅笔"Uni"与特急"朝风号"的秋冈芳夫也喜爱的福井木锅铲

木屋贩售由福井双叶商店制作的银杏木锅铲。

这款造型奇妙的锅铲，原本是用来涂抹漆器的工具，以野茉莉木制作而成。当作料理用的工具贩售是在大约三十年前，听说是工业设计师秋冈芳夫突然来到双叶商店，看到那款抹刀后给予的建议。

据传，他说这款抹刀很薄，加上木材质感有黏性，不会伤害铁弗龙涂层加工的平底锅，很适合用来做菜。

现在，由于野茉莉越来越少，锅铲采用木纹平行的"柾目"银杏木，由师傅一把一把手工制造。不但轻巧好用，加上木纹平行，就算弯曲也很坚固，不易折断。此外，因为银杏所含的油分，清洗后很快就能干燥。

无论炒菜、给薄饼或日式蛋卷翻面，还是番茄或马铃薯压泥都能使用，用途很广。

秋冈芳夫设计的作品之一——三菱铅笔"Uni"。日本传统的栗色跟酒红色的搭配成为一大特色。

❶ 给夏季质地较硬的高丽菜切丝时就用薄刃刀

想要切出最细的高丽菜丝，就用薄刃刀。

春季高丽菜切成大片吃起来又软又甜，但夏天的高丽菜质地硬，切成细丝比较容易吃。

薄刃刀是将菜刀表面大幅度研磨的菜刀，刀刃刃幅又窄又薄，非常纤细。

菜刀遇冷会很容易出现缺口，要特别留意。

过去，食物柜是放在户外的，人们在寒冷的室外切酱菜，据说很容易造成菜刀的缺口。如果有解冻到一半，质地还很硬的食物，记得不要硬切。无论使用的是钢材或不锈钢的菜刀都一样。

此外，有的人会用瓦斯炉的炉火烘烤菜刀，好让菜刀充分干燥，但绝对不能直接在炉火上加热。菜刀是经过锻造、打磨后完成的金属，超过一百摄氏度，金属的性质就会改变。

萝卜泥磨泥板的小纹路

素面、冷豆腐、凉面、沙拉、醋拌小菜等，这些夏季的食物都需要"佐料"。佐料中含有帮助消化的酵素及大量维生素，最具代表性的佐料就是萝卜泥。萝卜泥磨泥板的小纹路，据说有"避开灾难""去邪"的意思。

Peugeot 的研磨器

木屋从昭和五十七年（1982 年）就开始
销售 Peugeot 的研磨器。因为 Peugeot
的研磨器是全球第一的品牌。

鲹切刀（小鱼刀）

夏天进入产季的竹荚鱼（鲹），是种价格
便宜却有高营养价值的鱼。如果家中不
只竹荚鱼，还常吃沙梭、沙丁鱼这些小
型鱼的话，有一把鲹切刀会很方便。

♺ 刀具店保证，
Peugeot 的刀刃是全球第一

讲到胡椒研磨器，Peugeot 至今仍是第一名。原因是，它的研磨器刀刃非常厉害。刀具店保证，绝对错不了。

Peugeot 的历史始于 1810 年，Peugeot 家的兄弟将继承自祖先的面粉厂改设为炼钢厂。接着，两人就打造各种工具，包括锯子、刀子、叉子等。1840 年，开始生产咖啡豆磨豆机。以这个时期开发的刀刃为基础，1874 年推出了胡椒研磨器。1889 年，目前为公司主力商品的汽车第一号作品终于完成，Peugeot 也成了全球最早量产汽车的厂商。可以说，其技术基础，正是开发出全球第一胡椒研磨器的技术。

胡椒是夏天代谢降低时需要摄取的食物。胡椒中含的胡椒素能促进代谢、防止老化等，在美容上也很有效果。其中，黑胡椒的香气更为强烈。

过去在日本富士电视台很受欢迎的节目 "SMAP×SMAP" 的料理竞赛单元 "Bistro SMAP" 里，来宾塔摩利送给获胜队伍的礼物，就是 Peugeot 的胡椒研磨器。私底下很喜欢料理、机械的塔摩利，挑选的果然不是一般的胡椒研磨器，而是电动且附有照明的款式。

电动胡椒研磨器 Elis
附照明

⟳ 竹荚鱼的名称由来是"据说美味"

切刀的刀刃长约九厘米，是尺寸很小的菜刀，也称作"小出刃菜刀"。

说句刀具店的真心话，一般家庭要买菜刀的话，其实只要有一把刀刃十五厘米的"中出刃菜刀"就够了，但小巧好用又廉价的切刀，确实很容易上手，可以用来当作日式菜刀入门款。

越是竹荚鱼这种小型鱼，越难保持鲜度。

由于会先从内脏开始腐坏，因此竹荚鱼买回家之后要立刻去除内脏和鳃，再以跟海水差不多浓度的盐水清洗干净。水气也是造成腥味的原因之一，记得一定要擦干。在 1746 年出版的食谱《黑白精味集》中，竹荚鱼的评级为"中"。而在 17 世纪左右出版的《古今料理集》中则被评定为"下"。

在新井白石著作的用语解说集《东都》（1717 年出版）中，对于竹荚鱼的语源并没有交代清楚，只提道："根据有些人的说法，'アジ'（aji，日文的竹荚鱼）就是'味'（aji），也就是'美味'之意。"

伊贺烧的蚊香盒

伊贺是以土锅等陶瓷器具而闻名的地方，
其实从以前就开始制作动物造型的蚊香
盒了。

竹刷

竹刷是自古就有的工具，用于打扫、消灾、清洗、仪式，甚至作为乐器。感觉只是将它放在家里就能招来福气。

ひ 放在现代屋内也很美观,
传承伊贺烧之美的蚊香盒

夏天尽可能不要开空调,试着敞开窗户。开窗的话,就要花点心思防蚊虫。

木屋提供了伊贺烧的蚊香盒。

蚊香盒里附的菊花线香,使用的主要原料是气味很好的除虫草。未添加合成色素、染色剂或农药,外观的颜色就是植物粉末原料的颜色。由于完全无使用类除虫菊素(pyrethroid,化学合成的杀虫成分的通称),在日本药事法上并不被当作蚊香。不过,实际上还是能充分发挥效果的。

木屋精选销售的蚊香盒传承了伊贺烧的传统,伊贺烧自桃山时代就以强有力的造型为特色。品质上,它完全耐热,非常安全,加上整体上了釉,不容易被线香的油烟弄脏。

古时候会烧艾草、茅草和杉木等,用烟来驱蚊。明治三十八年(1950年)出版的《江户府内绘本风俗往来》一书中刊载了驱蚊火的绘图。在酷热的夏天,夫妇赤裸着上半身,丈夫小酌,妻子烧火驱蚊。

引自《江户府内绘本风俗往来》

☺ 还能作为驱邪之用的神圣扫除用具

　　在还没有鬃刷的时代，打扫时用的是用竹子做的竹刷。它跟鬃刷一样，可以用刷落的方式来进行清洁，因此能去除沾在平底锅或锅子上的污垢，也能用来洗刷衣服。

　　竹刷的外形较长，不会弄脏手，这一点很方便。由于是木质工具，清洗时尽量不要用清洁剂，真的要用的话，先稀释成两到三倍，然后在觉得"差不多冲干净"之后，再冲个两次，充分干燥，这是常保清洁的秘诀。

　　日本国学大师折口信夫的祖父是飞鸟坐神社宫司的养子，在飞鸟坐神社的御田植祭，带着天狗及老翁面具的男子，会用竹刷敲打众人的臀部。至于爱媛县的石手寺节分祭，赤鬼也会用竹刷敲打参拜信众的背，代表驱邪的意义。东京日野市的八坂神社祭典时，则以竹刷敲打地面表示清洁路面。竹刷不仅用来打扫，自古也用在仪式上，据信有洁净人心及土地的神圣力量。

引自《吾妻之花》

在《吾妻之花》中收录了嘉永年间的反衬剪纸画，全都是各种厨房工具，其中也有竹刷。旁边还画了用稻秆和绳子编成的扫除工具。

高汤的取法

用好的工具来取美味的高汤吧。使用昆布和柴鱼片取的高汤，味道就是不一样。昆布富含矿物质，柴鱼片则是发酵食品。每天饮用这种高汤，肌肤和肠胃的状况都能保持在良好状态。可依照下方的食谱来取出"一番高汤"（第一道高汤）。一番高汤用的是注重香气的澄清高汤。如果要做红烧菜、味噌汤的话，用取一番高汤剩下的材料来取"二番高汤"（第二道高汤）即可。二番高汤的做法，是用取完一番高汤后的汤渣，加入取一番高汤时半量的水，加热到沸腾后调整成小火。熬煮五分钟，再加入十克新的柴鱼片，继续加热两分钟。最后用棉布过滤后即完成。

食谱设计：
料理研究家／营养师 今泉久美

1

挑选柴鱼

柴鱼带皮的部位是尾巴，削片的时候从头部削起。柴鱼的种类有很多，不带血合、带血合、腹部、背部，以及熟成程度等，根据喜好和预算来挑选。

2

调整刨片器的刀刃

刨片器有片像刨刀的刀刃。用木槌在刨片器下方轻敲，就能把刨刀敲出来；从上方轻敲，就能将刀刃收起来。将刀刃调整得恰到好处，就能削出很薄的柴鱼片。

3

削柴鱼片

手握着柴鱼头部扁平部分贴着刀刃，前后移动削出柴鱼片。削的过程中，平面部分的面积会逐渐变大，就能削出漂亮的柴鱼片。

4

取昆布高汤

在铝质雪平锅加入一升水、十克擦拭干净的昆布，以中火加热。煮到快要沸腾时就取出昆布。

5

取柴鱼片高汤

加入柴鱼片二十克，用长筷子稍微搅拌，一煮沸就调整成小火，用汤勺捞掉杂质浮泡。杂质浮泡捞完后关火，静置三分钟左右。

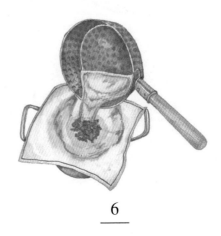

6

用棉布过滤

在大碗上铺棉布或厨房纸巾，上面再放个筛子过滤高汤。过滤完剩下的汤渣可以用来取二番高汤。

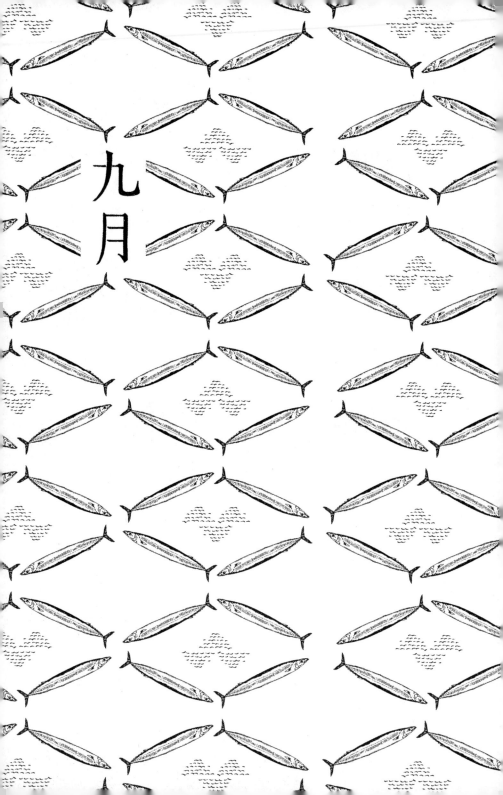

九月

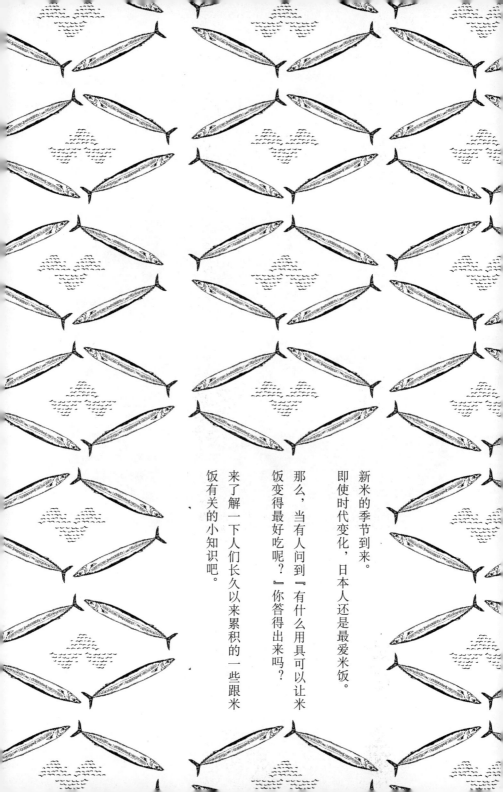

新米的季节到来。

即使时代变化，日本人还是最爱米饭。

那么，当有人问到『有什么用具可以让米饭变得最好吃呢？』你答得出来吗？

来了解一下人们长久以来累积的一些跟米饭有关的小知识吧。

江户饭桶

大家是不是坚信"刚煮好的饭最好吃"？
其实把煮好的饭盛进饭桶里之后，才是
最好吃的时候。

剥栗剪

日本人自古就有吃栗子讨吉利的习惯。
事实上，栗子富含维生素、食物纤维、
矿物质、淀粉，是种很有营养的万能食材。

☪ 让饭变得最好吃的用具

曾有人问，饭桶究竟是用来做什么的？有必要吗？

答案是，"饭桶是让饭变得最好吃的用具"。

饭一煮好后焖一下，稍微搅拌后，就盛到饭桶里。这么一来，可以让木材吸收掉多余的水分。而即使饭冷了，也会因为木材里的水分而不会变得干巴巴的。饭桶经常使用日本花柏来制作。这是由于花柏本身没有气味，耐水性又强，很适合用来制作饭桶。木屋的江户饭桶也是用日本花柏做的。

静冈县的樱池为了祈求丰收，会将装有红豆饭的饭桶沉入湖中，这项祭典已经举办了超过八百年。据说平安末年有僧人为了祈求五谷丰收而主动投入湖中，这个祭典就是供奉化身为龙神的僧人。每年都会有来自日本全国各地的几十个饭桶沉到湖底，可不知为何，总是变成空的又浮上湖面。据说这个谜是远州七大神秘现象之一。

《早安》（1959 年）、《麦秋》（1951 年）、《晚春》（1949 年）等小津安二郎导演的作品之中也会看到江户饭桶。箍圈看来都是铜质。

引自《晚春》

◔ 宛如财宝的金黄色，
栗子自古就是吉祥的食物

栗子的产季是从九月到十月。即使在这个几乎全年都能看到各种蔬菜的时代，新鲜的生栗子还是只在产季才买得到。

自古以来栗子就是代表吉祥的食物。战国时代为了讨个好兆头，会用"胜栗"。金黄色代表闪闪发亮的财宝，因此年菜中一定会有一道用栗子做的日式甜点"栗金团"。

九月九日（旧历）是重阳节，这一天的日期是奇数最大数字的重复，是值得庆贺的日子，刚好又是栗子的产季，因此要吃栗子饭，又被称为"栗子节"。接下来的九月十三日（旧历），则与八月十五的供奉新鲜薯芋的"芋名月"对照，成了"栗名月"。这一天要供奉赏月丸子、栗子，还有毛豆来感谢收成。

秋天，为祈求好兆头，尽情享受美味的栗子吧。有了剥栗剪，外壳跟里头的涩皮都能简单剥除，十分方便。

爆栗子，引自《素人庖丁》

在《古事记》中，吉野的居民上呈给神明、天皇的食物，据说有栗子、菇类和香鱼。由此可知，栗子是日本食物的原点，也是自古以来代表神圣的食物。

柴鱼刨片器

木屋从江户时期就开始贩卖许多木工工
具。柴鱼刨片器使用讲究的优质刨刀，
用起来手感就是不同。

小烤炉

秋天秋刀鱼进入产季。作家幸田文曾写过，盐烤秋刀鱼和青花鱼最美味的吃法，便是蹲在小烤炉旁边，一烤好马上就吃。

♨ 现存最古老的柴鱼刨片器
由美国的博物馆收藏

　　其实柴鱼刨片器算是很新的工具。在葛饰北斋的素描画册《北斋漫画》中，有一幅用小刀削柴鱼的图。当时的柴鱼跟现在的"荒节"，也就是熏制后未经干燥的柴鱼种类类似，质地比较柔软。福泽谕吉在《福翁自传》里写道，他因为把佩剑卖了，就改将柴鱼小刀插在腰际。横滨贸易商成毛金次郎在明治二十八年（1895 年）出版的《Domestic Japan》里画了一幅图，是装了柴鱼跟小菜刀的盒子，叫作"柴鱼盒"。目前已知最古老的柴鱼刨片器，是莫尔斯博士（Edward Sylvester Morse）在明治初期旅日期间使用的。莫尔斯博士是从美国来到日本的动物学家，明治十年（1877 年）挖掘出大森贝冢。

　　现在，莫尔斯博士的柴鱼刨片器由美国马萨诸塞州塞勒姆市的皮博迪·艾塞克斯博物馆（Peabody Essex Museum）收藏。不仅柴鱼刨片器，就连冈仓天心当初赠送给莫尔斯博士的柴鱼也完整保持原本的外形，令人叹为观止。

木屋也贩卖由博士当年使用的柴鱼刨片器复刻制造的款式。莫尔斯先生在他写的旅日笔记《在日本的每一天》中也提到柴鱼。

引自《北斋漫画》

⟳ 好的小烤炉，
是由一大片石川县珠洲市的硅藻土切割而成的

　　小烤炉，日文里写作"七轮"。小烤炉最古老的制法，是用凿子从一大片硅藻土之中切割出来，再以手工挖掘，这被称为"切出制法"。

　　木屋的小烤炉也是用这种方法制作的。这种制法，只能用产自石川县珠洲市（位于能登半岛）的硅藻土才能完成。而且还必须使用优质且没出现裂痕的一整片硅藻土。

　　相较于使用硅藻土粉末以机械压制而成的小烤炉，以"切出制法"制作的小烤炉比较耐水。然而，基本上小烤炉是一件怕碰到水的工具，如果真的很脏，可以用沾湿的抹布把油污擦掉。

　　据说硅藻土制的小烤炉是在明治时期爆发性地普及的，接着要等到进入昭和年间，才成为全日本的主流。在此之前，据说还是以陶瓷材质的居多。

在《和汉三才图会》中介绍的小烤炉，因为有通风口，火势能自然增大，炭的使用量很小，还不到一分，因此小烤炉便得了"七厘"这个名字。

引自《和汉三才图会》

米桶

九月是新米的季节。有人说要保持米的
美味，最好是将米放在冰箱里，但冰箱
通常放不下那么多。所以米桶也要讲究
一些，用好一点的。

焙茶壶

焙茶壶，其实也可以用来焙煎芝麻、米糠、豆子和银杏。没有焙茶壶的话，也可以使用平底锅来焙煎。

⚙ 米桶是很重要的用具，
正月时要供奉年糕或粥

　　木屋的米桶是用桐木做的。桐木具有良好的调节湿度特性，并且有防菌、防虫的功能。制作这款米桶的厂商位于埼玉县春日部市。春日部市因为当初建造日光东照宫的关系，聚集了很多手艺非常好的桐木木工，因此，这里也传承了制作桐木工具的精良技术。

　　要让米保持美味，理想的储藏温度是二十摄氏度以下，最好能低于十三摄氏度。此外，水槽下方湿度容易变高，要尽可能避免把米桶放在这些地方。

　　米桶是米的储藏库，自古以来就是很重要的器具。正月还会供奉年糕，或用"左义长"火祭的火炊煮红豆粥放在琵琶叶上供奉等，有各式各样的习俗。过去收放米桶的储藏室或仓库，也是祀奉掌管厨房与食物的神明"大黑神"的场所。

　　由于桐木质地较软，容易损伤，必须特别留意。一弄湿就会留下污渍或变色，请务必立刻擦干。一年需要将上盖打开两到三次阴干，让湿气散出去。如果曝晒在阳光下，会导致桐木龟裂或变形，一定要注意。要是不小心碰因撞出现细微损伤，可以在损伤处沾点水，垫上一块布，再用熨斗加热就能复原。不太明显的污渍，可以用较细的砂纸磨干净。

♨ 幸田文与宇野千代，
也最喜欢自己焙煎的茶

请大家试试自己焙茶来喝。

芳香、清爽，其超乎想象的美味会让人大吃一惊。

事实上，焙茶时的香气具有很强烈的舒缓作用，烘焙还能降低茶中咖啡因的成分，晚上想喝点暖乎乎的饮料时，不妨来上一杯。

厨艺精湛的幸田文与宇野千代，也在著作中写过茶叶在焙煎后喝来最是美味。幸田文的小说《厨房之音》里的主角是位厨师，他会特地订制现在已经再也看不到的焙茶壶。不过，焙茶壶是可以在木屋买到的。

一般焙茶有两种方式：一种是将焙茶壶充分加热后关火，放入茶叶后摇晃焙茶壶；另一种是一开始就将茶叶放入焙茶壶中加热，等到冒出烟后关火，再摇晃焙茶壶。使用后将焙茶壶倒置，将茶叶从把手放入茶壶中。立刻在茶壶中注入热水，就会发出"嗞！"的悦耳声响。

木屋的焙茶壶是茨城县的笠间烧。使用名为"天目"的黑色釉药制作。天目，据说是过去到中国天目山寺院修行的僧侣，带回上了黑色釉药的碗，后来就以此来称呼黑色的釉药。

寺田文《厨房之音》（讲谈社文库）

时令食材

现在大部分的食材在一年之中随时都能买到,"时令"越来越不明显了。不过,如果考量到营养及美味程度,食物还是吃当季的好。

此外,日本全国各地都有庆祝时令食材收获的活动,并留传下来很多特殊的名词与歌谣,像是春告鱼、夏荢萸、秋鲑、冬菇、寒鰤……

食材的产季逐渐变得模糊不清,使人们忘却了收成的喜悦及随之而来的文化,这是非常遗憾的事。

这里要介绍几种食材的"时令",种类不多,但它们的时令却意外不为人所知。

香菇

一般都觉得菇类的产季在秋天,其实新鲜香菇最好吃的季节是在四、五月。秋天虽然也有,但还是春季的口味最佳。春季采收的香菇叫作"春子"。

莲藕

新春年菜中少不了莲藕,因此很容易让人以为它在冬天盛产,其实产季是夏天。要做甜醋莲藕拌菜之类须将生鲜莲藕切薄片的菜肴时,使用锐利一点的菜刀,切出的莲藕片香气就会不一样。

菠菜

产季为十一月到三月。在寒冷的季节甜味增加,高维生素C等营养成分也会提高。冬日的夜晚,不妨吃个加了菠菜跟猪肉的"常夜锅"*,暖暖身子。

---

* 意为天天晚上吃也吃不腻的热锅料理。

鲑鱼

为了产卵返回淡水河的秋季，就是鲑鱼最美味的产季。日本人自古就会将秋天捕获的鲑鱼用盐腌起来，做成正月时的新卷鲑。然后从头到尾，妥善地料理、食用。

鳟鱼

产季是四到五月，因此鳟鱼也被当作是宣告春天来临的鱼种。无论用奶油香煎、盐烤，还是红烧都好吃。另外，富山的鳟寿司也很有名。现在仍有使用日本国产樱鳟制作寿司的店铺。

青椒

青椒的产季容易被误认为是在春、夏时期，其实是秋季。青椒不但富含维生素 C，苦味成分据说还有预防血栓、脑梗塞、心肌梗塞等功效。

白萝卜

产季在冬天。白萝卜的黄绿色叶子可做蔬菜，外皮富含维生素 C，根部含有大量酵素，它的不同部位含有不同营养，是一种万能蔬菜。在《古事记》中曾以白萝卜来比喻女性白皙美丽的手臂。

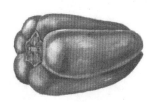

姜

让身体温暖的姜，产季是在八到九月的夏天。过去在旧历八月朔日（一日）有让媳妇带着姜回娘家的习俗，称为"生姜节"。

十月

米、银杏、栗子、薯芋、柴鱼……许多食材都在秋天迎接产季。

二十四节气中，十月上旬有冷空气凝结成露水的『寒露』，十月下旬则有开始下霜的『霜降』。

秋天，也是大家认为呼吸系统容易变得虚弱的季节。利用时令食材的养分，有助于调整身体状况。

日式蒸笼

在祭典中跟神明分享的丸子或红豆饭，
自古就是用蒸笼来蒸煮。蒸笼就是这么
有魅力的工具，一出现就令人雀跃不已。

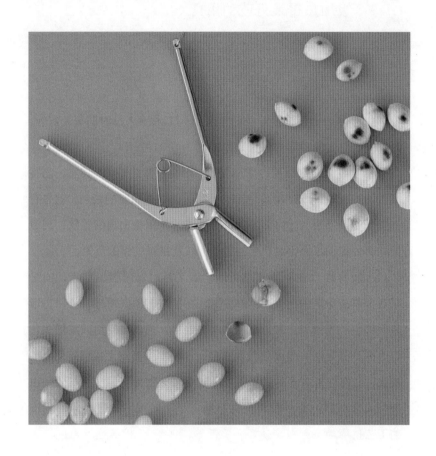

银杏剥壳刀

银杏壳其实也能用扳手或是厨房剪刀来剥除，但要是量比较多的话，常会剥到手痛。建议使用专用的银杏剥壳刀。

○ 将冷饭加热得最好吃的用具

九月、十月是新米最好吃的季节。不过，很多人没时间每天煮饭，而是一次煮大量后冷冻保存起来。

大家在加热冷饭或冷冻米饭时，用的是微波炉吗？其实，能将冷饭加热得最好吃的用具是"日式蒸笼"。日式蒸笼的特色，就是有一般用在沉重羽釜（为了架在灶上而使两侧稍微突出的釜锅，因突出的部分像羽翼而得名）上的盖子，以及相对较深的蒸笼。

冷饭直接放在碗里蒸就可以。如果是用保鲜膜包起来，或是装在保鲜袋冷冻的白饭，加热前先放在室温下稍微解冻，要将白饭从保鲜膜和保鲜袋中拿出来再放进蒸笼里。虽然比使用微波炉多花点时间，但好吃的程度就像现煮的一样。木屋蒸笼上接口处使用的樱皮，目前在日本国内只剩下奈良县一间批发商有。樱树皮要是由外行人来剥取，会导致整棵树枯死。小小的接口处也蕴藏着高深的工艺技巧。

木屋的蒸笼是由大川良夫师傅打造的。大川蒸笼店同时也制作相扑力士舀取力水时使用的相扑柄勺。大川师傅还制作成田山新胜寺的神前柄勺，以及 NHK 大河剧中使用的木桶、蒸笼，可说是全日本最顶尖的匠人。专业料理人崇尚的马毛网筛，目前在日本国内使用手工打造的，就只剩下大川蒸笼店。大川师傅跟他的夫人在日本各地巡回，传授织法、材料，以及相关知识，不让这门技术失传。

☺ 闪耀金黄色的银杏

一直以来，银杏都被尊为是代表长寿的树木。

此外，银杏木不容易燃烧，因此多被神社寺庙当作防火的神圣树木种植在院内。《和汉三才图会》中也记载，银杏木具有耐久性，加上树木肌理白皙光滑，用来刻上符印就能召唤鬼神。因此，也有人认为银杏具有神秘的力量。

银杏从 15 世纪左右就被当成药材，已知可改善尿频、祛痰，还能温暖身体。不过，关于银杏流传着"吃了一千颗就会死掉""不能吃超过岁数的数量"等说法，如同这些说法，银杏食用过量会导致中毒，要特别留意家中儿童。

闪耀着金色光芒的银杏，是一种令人联想到金银财宝的食物。

插在松叶上的银杏——"松叶银杏"，是一种代表吉祥的食物，也是年菜中必备的一道。

银杏的叶片外形是吉祥的扇形，在书页间夹片银杏叶，具有预防衣鱼（吃纸的虫类）的效果。

引自《和汉三才图会》

Ritter 削皮刀

全球第一的经典款削皮刀，是 1905 年
创设的德国老字号 Ritter 公司的产品。
这款削皮刀获得了刀具店木屋的认可，
在店内也有销售。

什锦锅

自江户时代火盆、铲子、木炭发达之后，
"小锅立""小锅烧"等热锅料理出现并
变得流行，越来越多人食用。

☙ 蕴藏着包豪斯精神的小小削皮刀

1905 年在德国慕尼黑创业的 Ritter，最初生产的是磨刀机器，后来因切面包机的热卖而奠定了事业基础。

接着在 1967 年，曾在包豪斯 (Bauhaus) 学习的卡尔·迪特尔特 (Karl Dittert) 成了 Ritter 的设计师。

包豪斯是个专攻设计、美术、摄影及建筑的学院。创立于 1919 年，在 1933 年因为纳粹的关系关闭，虽然开设的时间很短，对于现代美术及设计却有重大影响。在 Ritter 的产品当中，不仅卡尔·迪特尔特设计的电动切刀与电热壶，其他产品也传承了包豪斯的精神，品质与美观程度都受到极高评价。

削皮刀是以 Ritter 约一百年前的款式为基础，进一步开发而成的。无论是芦笋、小黄瓜、马铃薯，还是水果皮，都能用它轻松又经济地削皮。

右侧的小突起可以用来挖除马铃薯的芽眼或损伤的地方，使用起来很方便。

☙ 吹起寒风的十月，正是吃锅料理的季节

十月下旬，到了旧历二十四节气中的"霜降"。也就是露水开始因为低温而变成霜降下的季节。

天气一冷，就想吃锅料理。日本东北各地举办的芋头锅大会，也是在小芋头开始收成的十月。

吃锅料理时，为了避免陆续放入冷的食材导致汤汁温度下降，建议使用导热效果好的铝锅或铜锅。像是京都的权太吕，或是博多的大福，这些老字号餐厅里的锅，大多使用以铁锤捶打出凹痕的铜锅或铝锅。

铝跟铜的导热性很强，具有立刻升温且加热均匀的优点，但缺点是质地较软，很容易损伤。

因此，借由捶打的凹痕来进行强化，并增加表面积来进一步提高热传导率，这些巧思就是捶打锅的厉害之处。

去骨泥鳅锅
引自《守贞漫稿》

"新生儿用锅子烧的热水来洗澡，就会长得健康强壮""用锅子罩着小孩子，孩子的身体就会健康"，类似这些习俗都令人相信，锅子不但是基本的料理用具，还蕴藏着不可思议的力量。

饭勺

日文里有"交饭勺""交锅铲"的说法，意思就是婆婆把照顾家的责任交给媳妇。由此可知，饭勺是象征一个家的重要用具。

芝麻炒锅

炒锅可以炒豆子、芝麻、银杏、咖啡豆、面包，什么都可以炒。加盖的小锅让食材不会在加热过程中爆出来，非常方便。

☺ 饭勺是代表丰收、象征家的用具

饭勺，日文汉字写作"杓子"（Shakushi），另有"杓文字"（Shamoji）这个女房词。所谓"女房词"，就是过去宫廷中的女性使用的词汇。女性们会用迂回的说法来替换原有说法，或是在原有词上加个"御"（O）或"文字"（Moji），来代表温婉礼。"杓子"是用来盛饭、盛汤的用具，在《和汉三才图会》上以"猴子手"（猿ノ手）的名称出现，但图示看起来跟现在的饭勺一模一样。在许多工具都是由中国传来的背景下，"杓子"却诞生于日本。

在鹿儿岛县跟宫崎县，为了祈求丰收，人们于江户时期塑了很多的"田神"石佛，至今仍会在春天举办庆典。田神的模样是手拿着饭勺，头上还盖着一块蒸笼底的垫布。饭勺代表收成好、有饭吃时才用得上的用具，因此是象征丰收的吉祥物品。

东京日本桥在十月十九日、二十日两天会举办"Bettara 市"的活动。"Bettara 市"原本是为了贩卖惠比寿讲（祀奉惠比寿神的活动）中招待游客的食材，"Bettara 酱菜"（用糖水跟米曲腌渍的萝卜）这项著名的土产也因此诞生。惠比寿神是保佑生意兴隆的神明，实际上，在西日本则是田神。

引自《和汉三才图会》

☺ 芝麻的产季在秋天，
刚炒好的芝麻营养丰富又美味

市面上买得到的新鲜芝麻，日文叫作"洗芝麻"，但炒过的芝麻营养价值高，而且更容易消化、吸收。即使是市面上卖的炒芝麻，在吃之前再炒一次，也能使香气更浓郁，吃起来更美味。

芝麻能预防脑梗塞，具备抗氧化作用，能刺激女性荷尔蒙，也富含食物纤维而有整肠作用。它营养价值高，据说每天吃一小匙对身体很好。炒芝麻时要是用平底锅，加热之下会爆开，喷得厨房到处都是。

专用的炒锅形状就像铁网盒，里头的食材不会喷到外面。跟烤网一样，炒盒也是直接在炉火上加热的，因此，如果用的不是以手工仔细打造的产品，是很容易损坏的。木屋的芝麻炒锅是在新潟制造的，自江户时期，新潟的金属加工业就很兴盛。乔布斯讲究的iPod背板研磨也是发包到新潟的工厂。此外，这个地区的西洋餐具产量是全日本第一，还有"户外休闲用品制造商的圣地"之称。

芝麻磨过或切过后的营养价值比较高，但在
节庆场合上"磨""切"这些字眼都不吉利，
所以红豆饭里的芝麻都习惯用完整的芝麻。

摩卡软冰激凌

Mikado Coffee 日本桥店
东京都中央区日本桥室町 1-6-7

创业于昭和二十三年（1948
年），在咖啡风味的软冰激凌
上，还添加了梅子干。约翰·列
侬与小野洋子夫妻二人曾多
次造访其轻井泽分店。

富贵豆

Hamaya 商店
东京都中央区日本桥人形町 2-15-13

创业超过一百年。电影导演
小津安二郎曾在札记中提到
这家店，而以《须崎乐园》
一书闻名的芥川奖作家芝木
好子也将这家店写进随笔中。
美味的秘诀在于仍以传统的
薪柴与木炭蒸煮。

日本桥的甜点

日本桥除了木屋之外，还有很
多老字号商店。尤其是甜点，从日式
到西式，到处都有历史悠久的美味
名店。在谷崎润一郎出生、向田邦
子经常散心的日本桥，各位不妨也
边吃甜点，边了解这个地区的历史。

夹馅松饼

东海
东京都中央区日本桥人形町 1-16-12

创业于大正元年（1912 年）。
松饼皮是用刻有"滋养"
(JIYO) 字样的模具烙的。在
日本陆续开设西餐厅的时期，
"滋养"是最强的宣传词。松
饼里夹的是杏子果酱。

水果三明治

千匹屋总本店
东京都中央区日本桥室町 2-1-2
日本桥三井塔 2F

创业于天保五年（1834 年），为日本第一间水果专卖店。明治时期开设水果食堂，成为现在水果甜点店的前身。除了水果三明治，其他招牌餐点还有水果圣代、哈密瓜等。

杏蜜豆

初音
东京都中央区日本桥人形町 1-15-6
五番街大楼 1F

创业于天保八年（1837 年）。二楼吃得到大阪烧。目前的店面是在昭和三十八年（1963年）地下铁日比谷线开通那一年建造的。

甘名纳糖

荣太楼总本铺
东京都中央区日本桥 1-2-5
荣太楼大楼 1 楼

创业于安政四年（1857 年）。梅干糖跟金锷烧，这些创店时著名的点心至今仍是招牌商品。甘名纳糖也是第一代老板想出来的甜点，据说是甘纳豆的元祖。要买盒装甘名纳糖还须事先预订。

半生果子

长门
东京都中央区日本桥 3-1-3
日本桥长门大楼 1F

创业于享保年间（1716 年～1735 年），是导演小津安二郎也很喜爱的一家店。作家三宅艳子（在《anan》等杂志活跃的作家、编辑三宅菊子之母）曾写过："要找好一点的馈赠礼品时，就买长门的半生。"

烤长崎蛋糕

人形烧本铺板仓屋
中央区日本桥人形町 2-4-2

创业于明治四十年（1907 年）。日俄战争之后有一段时期因为红豆馅不易取得，所以就制作了这种无内馅的长崎蛋糕人形烧。形状有钢盔、战车、号角、手枪、装甲车、军旗、飞机等。

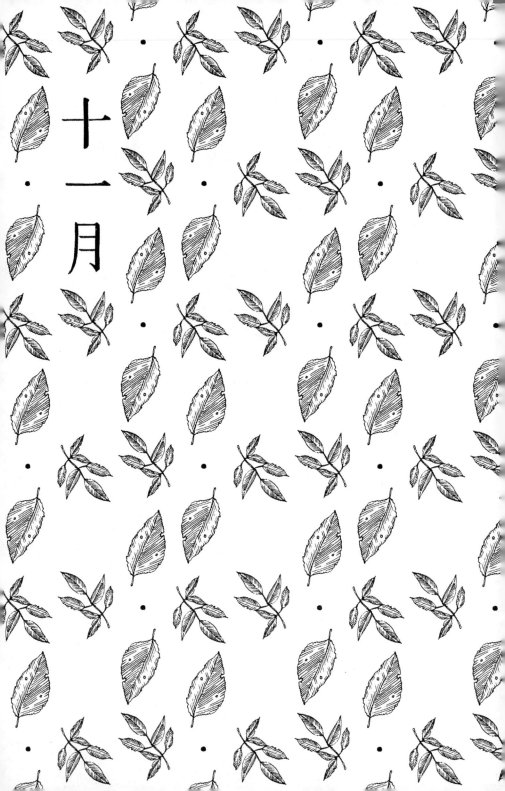

十一月

冬天来了。

二十四节气中，前半有『立冬』，后半则有『小雪』。想想过去的建筑、衣物与保暖设备，应该比现在寒冷才对。

可以灵活运用充满巧思的用具，在用餐时也多多取暖。

汤勺

十一月七日是"锅之日"。旧历的这个时候正值立冬，气候一下子变得像冬天。吃锅料理时少不了汤勺，木屋的汤勺在制作上对于形状、材质都很讲究。

竹筛盘

十一月是沙丁鱼、刺鲳、梭鱼的产季。
用竹筛盘来盛装红烧鱼如何？感觉全身
都暖起来。

☁ 汤勺里有神明，
用来舀热汤还有吃锅料理时的用具

木屋的汤勺是用厚朴做的。

厚朴木材没有高纤维密度的异常组织造成的缺陷，因此容易切割，具有不易弯曲、开裂、变形的特点。日本刀的刀鞘也是用厚朴木材制作的。它质轻、耐用，就算放进锅子里也不容易烧焦，所以很适合用来制作汤勺。

勺子是自古就有的用具，《和汉三才图会》中的"大杓子"插图，跟木屋的汤勺一模一样。此外，奈良时期元正天皇生病，滋贺县多贺大社的住持献上什锦饭团与勺子之后，天皇的疾病竟然痊愈，多贺勺子于是就被视为吉祥物来供奉，也有传说这就是汤勺的元祖。

不但如此，勺子还演变为一种注连绳（辟邪用的草绳绳结）装饰，即"杓子结"，据说"杓子结"的凹槽之中住着神明。在新春时期，记得在厨房（灶神）、水井（水神）、厕所、工作场所摆上勺子结装饰。

汤勺的日文汉字写作"玉杓"，日文中的"玉"有"鸡蛋"的意思，汤勺就是将木材挖出鸡蛋的形状。日本的木工工艺就从这项技术开始。

引自《和汉三才图会》

❂ 日式的 Poissonniere（鱼锅），
容易将红烧鱼从锅子里取出的竹筛盘

法国有种叫"Poissonniere"的锅子，外形细长，可以放得下一尾鱼，里头还有一层捞网，可以将整条鱼完整地取出来，非常方便。

香颂歌手石井好子，曾将她在日本寻找于法国看到的鱼锅的小故事写成随笔《我的小小宝物》（河出文库）。

现在日本也能买到鱼锅，但就算来到日本第一的厨具用品街——东京都台东区的合羽桥，也没几间随时有库存的商店，要调货的价格也很高。

不过，即使没买鱼锅，在日本还是有竹筛盘这个方便的用具。就像怀石料理老店"辻留"的辻嘉一氏在《料理的示范》（中公文库）中所介绍的，在红烧菜下垫一层竹皮或竹筛，是自古就有的做法。即使要跟食材一起炖煮，使用日本国产的竹子就能安心（木屋用的是佐渡的真竹）。

法国的 Poissonniere（鱼锅），
大尺寸的长度甚至达六十厘米。

Poissonniere

温酒壶

十一月二十三日是庆祝收成的"新尝祭"。
这一天要供奉用新米酿造的黑酒、白酒，
感谢神明。

研钵

在以颗粒味噌为主流的过去，研钵和磨棒是家家户户的必需品。在歌舞伎的《菅原传授手习鉴》及《夏季浪速鉴》里也有用研钵磨味噌、做味噌汤的情境。

♨ 用温饮来享用十一月的冷卸酒

"烫酒"，就是温酒。过去在平安时代的朝廷，从每年的九月九日到隔年的三月三日有享用温酒的习惯。每年十一月，在酒藏中出货前不经过第二次低温加热杀菌的日本酒，就称为"冷卸"。在店内看到一排冷卸酒，不少人误会"是要冷饮的酒"，但其实温热（40～45摄氏度）饮用更加美味。

温酒壶是用来温酒的器具，过去会塞入地炉的温暖灰烬中加热。日本酒最好喝的喝法就是用隔水加热的方式，这样能够保持酒的风味。木屋的温酒壶是采用导热迅速且受热均匀的铜制作的。

锡制温酒壶的价格昂贵，对一般家庭来说是奢侈品。

在吧台的温酒器旁陈列一整排锡壶，这就是大阪法善寺横町的老字号料亭"正弁丹吾亭"的著名景象。正弁丹吾亭也出现在织田作之助的《夫妇善哉》一书当中。

《守贞漫稿》（1837年）中曾介绍，江户地区温酒用的是铜制温酒壶，而在京都和大阪则称温酒壶为"Tanpo"，外形跟现在的完全不同。

温酒壶，引自《守贞漫稿》

⚘ 十一月进入山药的季节，
山药泥是象征长寿的食物

研钵最重要的是有在强力摩擦下也不会裂开的硬度，以及优良的耐水性。木屋的研钵使用的是以硬度及耐水性见长的岐阜县高田烧（美浓烧的一种），那里的酒壶跟瓮都很有名。此外，说到研钵的基本款，就是"来待釉"的红褐色款式。这个颜色仅使用"来待石"来制作，不用担心掺入有害物质，能够安心料理食物。

十一月是山药与日本山药的产季，富含酵素与食物纤维的山药泥，自古就被视为长寿食物，也是代表好兆头的食物。在佐贺县，十一月祭神的"唐津 Kunchi"的第三天，要吃山药泥来祈求长寿，这个习俗就被称为"三日山药泥"。过去还有地炉的时代，据说每年一月二日都有在自在钩与玄关涂山药泥消灾的习惯。其实到了现在，日本东北地区、北关东，以及信州等地的居民仍保持着一些习俗，像是每年第一次用砚台磨墨提笔写字的一月二日会吃山药泥，以及一月三日会吃调味山药泥来祈求长寿。

据说山椒木做的磨棒比较好，质地不会太软，不用担心跟食材一起消耗，也不会硬到伤害研钵。此外，山椒叶子还能食用并带有芳香，就某些角度上可说是最理想的材质。

引自《北斋漫画》

平底锅

天气转凉且干燥的十一月，是容易罹患感
冒的季节。蛋白中含有的溶菌酶具有杀菌
及提高免疫力的效果，能够预防感冒。

水盆炉

相较于过去祭祀灶神的时代，现在加热的方式变得多样化，但不变的是用火料理出餐点并与众人分享的心意，这就是最诚挚的款待之情。

♨ 平底锅是近年来才变得普遍的厨具

随笔作家森田玉曾在作品中写到，明治四十二年（1909 年）的日本，平底锅尚未普及到一般家庭。明治时期的热门报载小说《食道乐》曾刊登用平底锅做可乐饼的食谱，但当时平底锅是只有上流社会家庭才买得起的厨具。铸铁平底锅导热快，能够保温，加热均匀，因而可料理出美味餐点，缺点就是太重。木屋的平底锅虽然是铸铁材质，拿起来却很轻，用的是球墨铸铁这项新技术。

此外，法国德拜尔（de BUYER）、德国 Turk，以及法国 MATFER 等欧洲各家生产平底锅的老牌公司，虽然都在 19 世纪左右成立，但在此之前人们就用各式各样的方法来煎荷包蛋。在文艺复兴后期的西班牙画家委拉斯开兹（Diego Velázquez）的画作《煎鸡蛋的妇人》（1618 年）中，用的是小砂锅，而法国诗人让·谷克多（Jean Cocteau）喜爱的荷包蛋则使用涂有焦香奶油的瓷盘。

昭和三十六年（1951 年），在日本厚生省的指导下，人们实行了"一天一回平底锅运动"。其主要宗旨是在战后缺乏粮食的时代，一天使用一次高热量的油脂来做菜，借此增强体魄。由此能清楚得知，当时平底锅还不算每天使用的普遍锅具。

《谷克多的餐桌》（讲谈社）
（雷蒙·奥利弗著，让·谷克多绘图）

♨ 白洲正子喜欢在水盆炉上放只土锅蒸烤松茸吃

自古以来，热腾腾的食物都是最棒的佳肴。

之所以习惯以刚煮好的白饭来供奉神明，也是这个缘故。

现在有很多方便的工具，像是卡式瓦斯炉、电热盘之类，但过去使用炭火的"水盆炉"可是件划时代的工具，让全家人能围坐在餐桌，享用热乎乎的食物。

水盆炉是在装有烧热的木炭的陶盆下方垫着水盆使用。陶器虽然不如小烤炉那么耐热，但可以水洗，火力又不会过强，器具的颜色与图案也令人赏心悦目，这些都是它受欢迎的地方。

随笔作家白洲正子非常喜欢伊贺土乐窑的福森雅武制作的水盆炉。她的长女牧山桂子在著作《白洲次郎·正子的餐桌》（新潮社）里提及，白洲正子最爱的食谱是在喜爱的水盆炉上放上土锅，在锅里蒸松茸跟松叶。

釜糕

在祀奉火神、水神，以及厨房灶神的海云寺（东京都品川区）中，每年的十一月与三月会举办"千躰荒神"（灶神）祭。祭典中的名点就是釜锅造型的米糕。荒神祭热闹的模样，在川岛雄三导演作品《幕末太阳传》（1957 年）中也曾忠实重现。

菜刀的随笔集

各位是否觉得，平常好像没什么机会能问其他人用的是什么样的菜刀呢？可是又不免对那些厨艺精湛的人所使用的菜刀感到好奇。

大家都有几把菜刀？是西式菜刀还是日式菜刀？

即使读一些料理名家的随笔集，也很少有人会列出自己使用的菜刀清单。会写出来的似乎都是少数对菜刀特别讲究的人。

下面介绍六本跟菜刀有关的随笔集，以及在书中出现令人印象深刻的料理。每一本书都可以在挑选菜刀时当作参考。

幸田文
《补增 幸田文对话》

（岩波现代文库）

小说家幸田文的对谈集。与厨师田村鱼菜、辻嘉一等人聊菜刀的篇章非常值得一读。据说看做凉拌菠菜时菠菜的切法，就能知道一个人是否通情达理。

中江百合
《料理四季》

（Graph 社）※ 已绝版

作者是料理研究家，同时也是女演员东山千荣子的妹妹。据她推荐，菜刀至少要有一把切肉刀（牛刀）、一把切菜刀、一把切鱼的出刃刀。她曾在书中写道："没几道比醋拌小黄瓜困难的料理。"

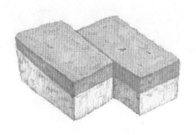

宽仁亲王妃信子
《四季家庭料理熟食80道》

（知惠之森文库）※ 已绝版

作者是彬子女王、瑶子女王的母亲，也就是前首相麻生太郎的妹妹。她拥有出刃、小出刃、切菜刀、刺身刀、薄刃刀、牛刀，刀具一应齐全，是个正统派。这么讲究的作者，跟厨艺精湛的祖母学习到的年菜就是双色蛋。

向田邦子
《女人的食指》

（文春文库）（中文版由上海文艺出版社出版）

向田邦子既是小说家，同时也是随笔作家，她在书中刊载了一篇在人形町购买日式菜刀的经过。此外，以"柠檬煮地瓜"等菜色著名的小酒馆"妈妈屋"的经营趣事也很精彩。

泽村贞子
《我的厨房》

（光文社文库）

对女演员泽村贞子来说，拿起菜刀做菜是一种纾压的方式。她拥有切菜刀、刺身刀、柳刃（比刺身刀更细长）、出刃刀、小出刃刀、牛刀、薄刃刀等样式齐全的刀具，做出的"三层自制便当"看起来真的很美味。

立原正秋
《立原正秋全集》

二四卷（角川书店）※ 已绝版

收录随笔集《我的菜刀集》。作者推荐的刀有切菜刀、出刃刀、刺身刀。砧板有硬木跟桧木两种。书中还介绍了红烧萝卜丝等菜色的做法。

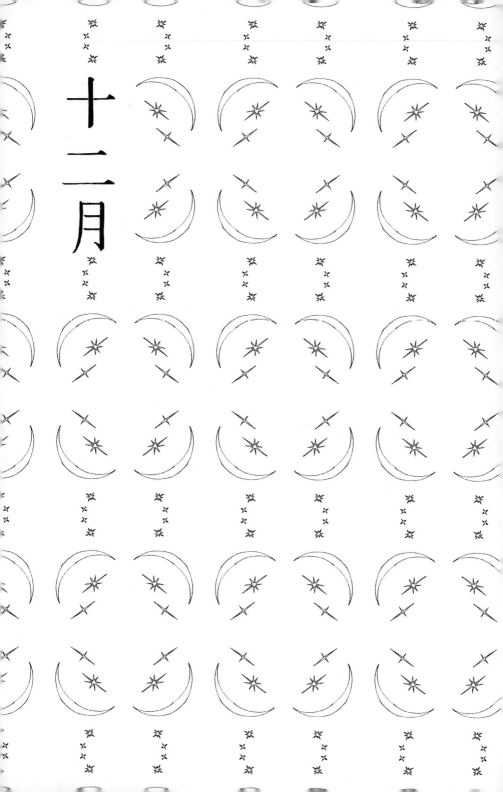

十二月

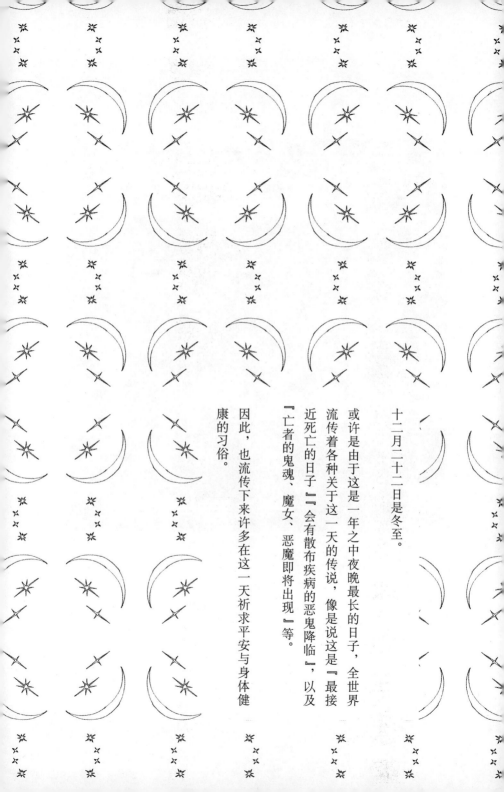

十二月二十二日是冬至。

或许是由于这是一年之中夜晚最长的日子，全世界流传着各种关于这一天的传说，像是说这是『最接近死亡的日子』『会有散布疾病的恶鬼降临』，以及『亡者的鬼魂、魔女、恶魔即将出现』等。

因此，也流传下来许多在这一天祈求平安与身体健康的习俗。

荞麦面盘

荞麦的产季是十二月。木屋的荞麦面盘
下方的竹帘，是在以竹工艺闻名的大分
县制作的。

外轮锅

外轮锅比较浅，很适合热炒，而且可以
用少量汤汁来炖煮食材，在收干汤汁时
也很方便。此外，拿起整只锅子在炉火
上摇晃，食材也不会溢出。

☺ 去厄运，招财运，
吃吉祥的荞麦面来跨年

十二月是荞麦的产季。但为什么日本人要在除夕夜吃荞麦面呢？这个习俗又是从何时开始的？其实并不清楚。

不过，荞麦面确实是代表吉祥的食物。"就像容易切断的荞麦面一样，斩断一年来的劳苦与厄运""愿寿命如同荞麦面一样长""打金箔时用的是荞麦粉，可以让金箔延展性更好，不容易断掉""削金箔时会用荞麦粉做成的丸子来收集散落的金粉，因此荞麦有聚财的象征"。荞麦带有这样的含意，因此成为在最后一刻为一年画下句点的食物。

现在这种将荞麦面切成细长形状食用的习惯，是从江户时期开始的。过去是将荞麦放在蒸笼里蒸熟来吃的，沿袭这一习俗，现在荞麦面也是盛在蒸笼里吃。至于比荞麦面拥有更悠久历史的跨年美食，有鲕鱼和鲑鱼，这些都称为"跨年鱼"。

面篮　　筷子　　猪口杯　　佐料碟　　酱汁壶　　筷子

引自《守贞漫稿》

江户时期，每年十二月十三日为"拂煤日"，即"大扫除日"，人们从这一天开始正式准备迎接正月的来临。大扫除完成后会抛举成员庆祝，还会吃大餐慰劳。扫除后的大餐中，少不了的就是鲸肉汤，也就是用腌渍鲸肉做成的味噌汤或清汤。

♨ 日本料理师傅将法国锅具"sautoir"称为"外轮锅"

用来热炒的法国单手锅，就叫作"sautoir"。

当初刚使用这款锅子的日本料理师傅觉得烹调和食时叫"sautoir"听起来很怪，于是就将其称作"外轮锅"*。

顺带一提，从大正到昭和这段时期担任天皇御厨的秋山德藏，在随笔集中将"sautoir"写作"soutoa 锅"。

18 世纪诞生于法国料理界的新观念，就是做每道菜应该使用适合的锅具，因此有了"casserole"（有锅盖的双耳锅）、"braisiére"（炖锅）等。"sautoir"也是在这样的背景下诞生的。

十二月二十二日是冬至，是一年之中夜晚最长的一天。习俗上，食用南瓜、蒟蒻、银杏这些在日文中念起来带鼻音的食物，还有红豆粥，都能预防疾病，招来福气。不妨使用外轮锅来做些好吃的红烧菜。

在《食道乐》一书中也看得到厨房里挂着煎炒平底锅、酱汁平底锅等西方锅具。当时在鹿鸣馆、帝国大饭店、精养轩都已经有正宗的法国料理。

"大隈伯爵府厨房一景"
引自《食道乐·春之卷》

---

* "外轮"在日语中读作"sotowa"，和 sautoir 的日语发音相近。——编注

山葵磨泥板

江户后期的浮世绘绘师山东京传，在《近世奇迹考》中介绍的山葵磨泥板，是镰仓时期武士所使用的，跟现在所用的完全不同，是呈方形小盒子的外形。

寿喜烧锅

木屋的寿喜烧锅，两侧把手用的是和茶
釜上同样的金属环。持续使用之下，锅子
肌理散发黑色光泽，变成不易生锈的铁。

⚘ 唯一原产于日本的佐料，

使用山葵磨泥板更能凸显辛辣味

磨山葵泥不要用铜制磨泥板，要用山葵专用的磨泥板。

山葵磨泥板有鲛皮材质的，也有陶制的。现在木屋卖的就是陶制的。因为铜制磨泥板的磨齿太利，无法凸显山葵的辣味与香气。

磨的时候，先像削铅笔一样，把山葵的叶子削掉，接着从原本有叶子的那头以画圆的方式在板子上缓缓磨泥。

山葵虽然全年都可采收，但天冷的季节更添辣味。十二月正好进入产季的荞麦面，少不了山葵相佐。《和汉三才图会》中也提到"荞麦面的佐料中，山葵不可或缺"。

京都府南丹市美山町有个习俗，为祈求猎熊过程平安，从每年的正月到四月不采集也不食用山葵。由此可知寒冷季节中的山葵有多好吃，美味到让人可以拿来许愿，换得猎熊过程的安全。

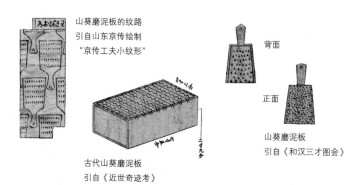

山葵磨泥板的纹路
引自山东京传绘制
"京传工夫小纹形"

古代山葵磨泥板
引自《近世奇迹考》

背面

正面

山葵磨泥板
引自《和汉三才图会》

♨ 传统的铸铁锅，
凸显寿喜烧的美味

十二月是大葱、牛肉的产季，也是寿喜烧最美味的季节。

电影导演小津安二郎生长的地方就是以松阪牛而闻名的松阪，因此他最拿手的料理就是寿喜烧，自称"正宗"。小津导演做寿喜烧时会依序将大葱、蒟蒻丝、豆腐、牛肉这几样食材整整齐齐排放在铁锅里，调味走东京平民风，使用酱油跟砂糖。他把寿喜烧当作下酒菜，喝完酒，最后在锅里加入咖喱粉配饭吃。

厚铁锅导热缓慢，能更多地激发食材的鲜美。不仅寿喜烧，用来煎汉堡和煎饺，也有不同的美味。铸铁材质的锅具清洗时不要用清洁剂，单用鬃刷来洗即可。由于清洁剂会渗透到锅子里，如果要用清洁剂的话，记得要挑选自然材质的，而且一定要用水冲干净。要是有沾在锅子上不容易清掉的污渍，可以用一次性筷子刮掉。

江户时代几乎家家户户都使用铸铁锅。木屋的寿喜烧锅来自岩手县奥州市水泽地区，这里是拥有约九百年历史的铸铁产地。

在小津导演的作品《麦秋》《东京物语》《早春》中都出现了寿喜烧。在其他日本著名影片，如《饭》《浪华悲歌》《放浪记》《夫妇善哉》等当中，也都能频频看到寿喜烧出现。加山雄三饰演的"若大将系列"，老家也设定为寿喜烧专卖店（田能久），剧集是在今半、日山，以及米久等几间东京寿喜烧老字号拍摄的。

菜刀跨年

在拂煤日当天有个习俗，就是要特别仔
细地清理用来在火炉上挂锅子的自在钩。
每年到了十二月，要心存感激，好好保
养平常使用的各件厨房用具。

抹布

木屋的抹布使用的是未经脱色、染色处
理的伊势木棉。由于制作过程完全未使
用化学药品，无论是过滤食物还是直接
覆盖食物都很让人放心。

❂ 感谢辛劳了一年的各种用具，
在焕然一新的心情中迎接新年

昭和时期，买新菜刀都是在一年即将结束或开始的时候。

百货公司的厨具用品卖场里堆积如山的菜刀，以及为了采购新菜刀的大群女性消费者，是在过年期间才看得到的情景。有些家庭在过年前买了新的切菜刀，用锐利的菜刀切年糕、做年菜。有些家庭则是在正月第三天之后，以全新的心情来使用新菜刀。过去，菜刀也是要跨年的。岁末时节，也有对辛劳了一年的各种用具表达谢意的习惯。

十二月八日的"针供养"，也是让针线活先告一段落，人们会将折断的针插在豆腐或蒟蒻上供奉，祈求未来缝纫技术更精进。此外，过去人们认为各项生活用品也要过年。除夕当天会将务农或入山工作的所有工具摆放好，用杨桐的叶子沾神酒洒在工具上。日本全国各地都有工具过年的习惯，像是供奉菜刀、锅、釜等，或是绑上代表洁净、神圣的注连绳等仪式。

> 以年底为舞台的落语《芝滨》，主角是位鱼铺老板。鱼铺里最重要的生财工具就是饭台和菜刀。故事中的老板是个爱喝酒的醉鬼，老板娘倒是精明干练。岁末时节，老板娘打着老板屁股，要他认真一点，把饭台装满水，再把磨好的菜刀插进荞麦壳堆里。当时为了避免菜刀生锈，会将菜刀插到吸水性强的荞麦壳堆中收好。

☻ 白色抹布让人有好心情，
让抹布常保清洁的小秘诀

十二月需要大扫除，因而抹布出场亮相的机会也特别多。

木屋的抹布用的是未经过脱色、染色处理的伊势木棉。由单线轻轻捻出的棉线，采用明治时期就使用的织机平织而成。可以试着从未封边的抹布一端抽一条棉线并将它揉开，应该很容易就能变成一团柔软的棉花。这样的棉线具有速干、吸水性良好及透气性强等优点。

抹布会弄脏是理所当然，但若能尽量让它维持洁白干净，用起来也会舒服。要保持清洁，可以将抹布放进加有小苏打的热水中煮，或是加入肥皂水中煮，并勤加清洗。要学习厨房高手的话，首先要常备大量的抹布，还须勤加清洗、勤加替换，这就是常保清洁的诀窍。

女明星泽村贞子曾在随笔集中写过，她一天要使用四十条抹布（《我的厨房》，光文社文库）。

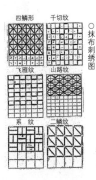

在物质不富裕的时代，用刺绣来补强抹布，延长抹布的使用寿命是很重要的方式。刺绣的图案有万字形、龟甲形、四鳞形、麻形、三段菱、七宝等，都是代表吉祥的图案。

抹布刺绣图
引自《裁缝指南》

优质菜刀

　　一般家庭中如果想备几把稍微好一点的菜刀，只要有"切菜刀""薄刃刀""中出刃刀""牛刀"，就很够用了。喜欢吃生鱼片的人，可以再多一把"刺身刀"，如果想轻松处理沙丁鱼这类小鱼，有把"鲹切刀"会很有帮助。

切
菜
刀

薄
刃
刀

牛
刀

用来切蔬菜很方便。笔直且具有一定厚度的两面刃，很适合用力按着萝卜、芜菁、胡萝卜等根菜类来切。

单面刃，刀刃比切菜刀薄，适合更纤细的作业。用来切皮或是切细丝时畅快到令人不可思议。

不仅切肉很方便，也可以拿来切蔬菜，是把万用西式菜刀。除了日式菜刀之外，常备一把牛刀会方便许多。

中出刃刀

刺身刀　如果还想多拥有一把……

鲹切刀

若想吃到美味的鱼鲜，首先要有一把中出刃刀。小至竹荚鱼，大至鲣鱼都能料理，还可以用来片生鱼片。

拥有一把刺身刀，在自家也能切出方正美观的生鱼片。买一整块鱼回家，光是用刺身刀自己切片，就能体会到截然不同的美味。

由于是"黑打"菜刀*，它比中出刃刀不易生锈，价格也便宜。推荐给想要轻松料理竹荚鱼、秋刀鱼这类小鱼的人。

---

* 菜刀在煅烧后仅打磨刀刃附近，保留刀身的黑色氧化铁。

一月

『启用砧板』『启用菜刀』，这些都代表新一年的开始。

即使是已经用了很久的厨房用具，在新的一年，人们也将以全新的心情来使用。

可见这些词语都代表了希望长期珍惜用具的情感。

此外，过去大家新购菜刀与砧板也习惯在过年前后。一到新年，人们就将年前买好的新菜刀、新砧板拿出来使用。

这个令人神清气爽的习惯，似乎使平日熟悉的厨房都能展现一番新风貌。

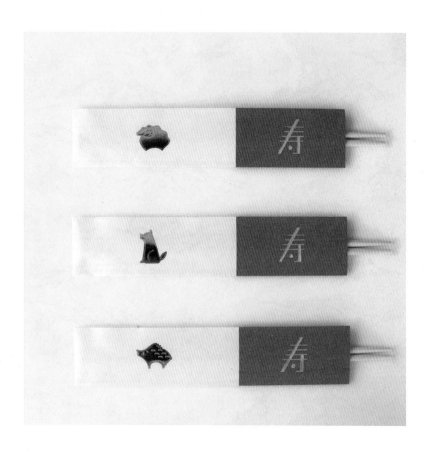

祝箸

新春是特别的日子，该使用祝箸。祝箸
是用柳木制成的，木屋的祝箸特别使用
质地白皙美丽的日本国产灯台树。

开镜

新年前三天有个习俗，就是不动菜刀。
江户时期，达官贵人家庭在一月十五日
会有个启用菜刀、砧板的仪式，表示新
年庆祝完，可以开始使用菜刀与砧板了。

☼ 正月期间要使用特别的筷子，
小用具也能让人改变心情

过年有个习俗，就是使用装在筷袋中的祝箸，筷袋上要写上自己的名字或绘上自己的生肖。

祝箸不只在过年时使用，举凡节庆或是祝贺的正式场合，都少不了它。

祝箸的长度为八寸，是个代表吉祥的数字，换算过来，大约二十四厘米。祝箸使用的是不容易弯曲且肌理白皙的柳木。柳树是春天最先萌发新芽的植物，代表好兆头，洁净的白色肌理据说有驱邪的作用。

过去，新年时使用祝箸习惯用到正月十五日，近来则只用三天，也有不少家庭会用到吃七草粥的正月初七。

祝箸两端细长，称为"两口"，代表一侧让神明使用，人与神一起享用庆贺的餐点。没有任何棱角的圆润筷型中央稍粗，象征装满的米袋（即日文"俵"）。一双祝箸到处都蕴含着喜庆之意。

祝箸的收放方式有很多，每个家庭或每个地方的习惯都不同。有人会在用餐后洗好放回筷袋中，也有人吃完饭就扔掉，下一餐饭再换一双全新的祝箸。过去在日本各地有在一月十五日用祝箸吃粥的习惯，吃完把筷子插在田里，然后焚烧。此外，吃年糕汤（雑煮）时有很多地方会使用栗子树树枝削成的筷子（将两端树皮削掉，露出白色部分）。

☺ 武将家的习俗是开镜时不用菜刀

新年期间在家中放置镜饼是自古就有的习惯，平安时代会在元旦食用镜饼，有"巩固牙齿"，祈祝身体健康之意。江户时代，武士之家放置镜饼的习俗确定下来，镜饼变成了"具足饼"。

正月时男性在盔甲、武器前供奉镜饼，祈求武运昌隆；女性则将镜饼供奉在映射自己容貌的镜台前。

"具足饼"是男性用来祈求武器使用顺利，女性则希望容貌美丽。过去供奉到一月二十日会举行开镜饼的仪式，但德川家光在四月二十日过世，往后为了避开这一天，开镜都改在一月十一日举行。与武将家庭渊源深厚的镜饼，为了避免令人联想到切腹，开镜时习惯上不用刀，而是用木槌或双手把镜饼敲开。

每年的一月十一日，各地的道场也会随着开镜仪式开启新的一年。过去曾有一段时期，每年东京中央警察署开道场时，都会发放一把木屋的菜刀。

御镜饼御三宝图
引自《骏国杂志》

发现大森贝冢的莫尔斯博士在旅日见闻（1878年）之中也介绍过"年糕是日本人新年时很喜欢吃的一种食物"，他还比喻这就像美国人会在感恩节或圣诞节吃馅饼或南瓜派。文中还附了素描，圆镜饼上方叠落着方方的菱饼。但在宫廷里的正式镜饼，是在红白色镜饼上先叠放花瓣饼，然后再叠上红色的菱饼。

玉子烧锅

江户前的玉子烧会加入鱼浆以增加材料的
黏性，然后煎成像长崎蛋糕一样的方形。

粗磨泥板

"下野家例"*也称作"醋愤",还有"shimitsukare"
"shimitsukari"等其他称呼。要做这种日本自古以来
代表吉利的乡土料理,就少不了粗泥磨板这件用具。

---

* 念作"shimotsukare",是北关东地区的乡土料理,用鲑鱼头、蔬菜碎屑和萝卜泥炖
煮而成。

⚙ 江户前的玉子烧不加入高汤，
也不会卷成蛋卷

年菜里有华丽的伊达卷，有称作"锦"的双色蛋，还有雕成吉祥梅花外形的梅花蛋，这些蛋类料理不可或缺。

不过，这几道菜色做起来都很费工，于是有不少人会用厚煎玉子烧来代替。鸡蛋本身呈现讨喜的金黄色，而且一只鸡能下很多蛋，是多子多孙多福气的象征。

提到玉子烧，东京有很多很好吃的店，但做法几乎都是在蛋液里加入高汤，然后煎的时候卷起来，做成高汤煎蛋卷。

话说回来，高汤煎蛋卷其实是关西风，使用的锅子是长方形的关西用玉子烧锅。江户前的玉子烧不加高汤，特色是加入用虾、白肉鱼或山药泥做成的鱼浆以增加食材黏性。而且要用正方形的玉子烧锅来煎，煎成像长崎蛋糕一样的方形（见第172页）。现在想吃江户前玉子烧的话，最快的方法就是到江户前的寿司屋。

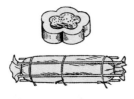

制作梅花蛋要先做水煮蛋，将蛋黄跟蛋白分开后压碎过筛。接着将蛋黄塑成棒状，周围卷上蛋白，用布包起来再扭紧两端。棒状的蛋再用五根筷子夹住，押成梅花的形状，然后放进蒸笼蒸十五分钟即完成。

梅花蛋
引自《最新割烹指导书》

☯ 做下野家例、雪花锅时的必备用具

　　粗磨泥板不同于一般磨泥板，是将大萝卜磨成粗泥的工具。

　　粗萝卜泥跟豆腐、年糕还有鸡肉一起煮的"雪花锅"最是美味。此外，制作北关东地区的乡土料理"下野家例"时，也少不了这项器具。下野家例是用炒过的黄豆加上剁碎的鲑鱼头、酒粕、蒜片、油豆皮丝，以及萝卜泥炖煮而成。习惯上，这是"初午日"时供奉稻荷神及道祖神的神圣食物。

　　13世纪左右编辑的《宇治拾遗物语》中也提到，近江浅井郡的官员炒黄豆淋上醋，做成了下野家例。这里下野家例被称作"醋愤"，就是说要趁热淋上醋，如此黄豆的外皮就会变皱，比较容易用筷子夹起来。粗磨泥板是自古以来就有的用具，江户时代后期出版的《江户名所图会》中刊载的"古制山葵擦"，就跟现在的粗磨泥板外形相同。

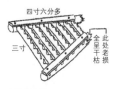

四寸六分多

三寸

此处老损
全呈干枯

古制山葵擦
引自《江户名所图会》

《宇治拾遗物语》中的"醋愤"的故事其实还有后续，一名僧官宣称，即使黄豆外皮没有变皱，他也能用筷子夹起丢过来的豆子吃掉，官员压根不信，僧官便说，如果真办得到，就要官员建造戒坛。于是官员抛掷黄豆，僧官竟也真的用筷子全数接住吃掉，官员立刻全体总动员打造戒坛。光是想象丢掷豆子用筷子接起吃掉的情景，就感到欢乐无比。

"sumutsukari"在《喜游笑览》《古事谈》等其他文献中也出现过。

行平锅

行平锅是为了在餐桌上吃刚煮好的热乎
乎的粥品或豆腐而诞生的。这个名称原
本指的是盖子跟容器材质相同，且有锅
嘴跟把手的器具。

鬼帘

做伊达卷要用的工具就是鬼帘。江户时代是武士社会，人们在新年时期也心系国家发展与安康。伊达卷、昆布卷，象征的都是书卷，也代表文化的发展。

ʊ 喝七草粥的前一晚，放置七种用具，
祈求平安健康，祛除邪气

正月初七是"人日"，和三月三日、五月五日一样，都属于"五节"。据说在正月初七这一天，吃了七草粥就能驱除邪气，常保平安健康。

春天的七草分别是：芹菜、荠菜、母子草、繁缕、宝盖草、芜菁、萝卜。把这些材料在前一天，也就是正月初六摆放在砧板上，一边唱着歌谣打拍子，一边用菜刀轻敲许愿。敲打的工具因地而异，有些地方用勺子、研磨棒，也有地方会将菜刀、炭夹、研磨棒、勺子、铜勺子、料理长筷、釜锅盖等七项用具排成一列。

嘴里唱的歌谣也有很多，像是"七草荠菜，趁着大唐恶鸟尚未飞来日本土地"等，大多都在祈求驱除对农作物有害的鸟类。

正月七日还有一个新年首次剪指甲的习俗，取清粥上层的汤液来擦拭手脚的甲面，据说有预防疾病及驱除邪气的作用。

七草粥，引自《绘本江户爵》

江户时代，将军家也会食用七草粥，将军夫人先用草上的露水沾湿了双手，再切碎七草食用，这也是过去的习俗。

170

❂ 用鬼帘做出华丽的伊达卷

伊达卷是过年期间的特别食物。

制作伊达卷，需要用鬼帘把玉子烧卷起来。日文里称注重打扮的人为"伊达者"，因此华丽的金黄色玉子烧就被称为"伊达卷"。据说伊达卷原本是卓袱料理*中的一道菜色。制作鬼帘，需要比较粗且坚固的竹子。木屋的鬼帘使用的是熊本产孟宗竹，打磨之后要用热水漂过，以避免变色。孟宗是中国的一位伟人，以对母亲的孝行，以及出身贫穷仍能出人头地而广为人知。因为年迈的母亲想吃竹笋，孟宗便到雪地里挖竹笋，孝行感动天，在隆冬竟然长出竹笋，"孟宗竹"之名就源于这样的典故。

大正、昭和时代的料理书籍上，高汤煎蛋卷，以及用薄蛋皮取代海苔的长卷食物都被当作伊达卷。卷起来的玉子烧原本就是外观华丽、代表吉祥的食物。

白饭　虾松　香菇　海苔 ❶
白饭
蛋
❷
完成图
（第二十二图）伊达卷的做法

目前主流的伊达卷会加入虾及白肉鱼做成的鱼浆，再以砂糖、味醂调成口味较甜的蛋液，煎成厚厚的玉子烧，再用鬼帘卷起来。

伊达卷，引自《寿司与饭类变化的做法》

---

* 有别于每人各自小分量的传统日本料理，而是每道菜一大盘，众人围坐圆桌分食，类似中式的桌菜。

江户前玉子烧

日本前首相麻生太郎的舅舅，也就是小说家、英国文学家吉田健一，曾在《江户前煎蛋》这篇短文中写道，江户料理的玉子烧"是现在已失传的煎蛋"（《我的食物志》，中公文库）。

"口味浓郁""味道甜"就是江户玉子烧的特色。

这究竟是什么样的味道呢？

这里介绍传承自江户前寿司屋的食谱，使用正方形的江户前玉子烧锅，尝试制作一下吧。

1

磨山药泥

要让玉子烧像长崎蛋糕一样膨松，就要加入山药。先用磨泥板将山药磨成泥之后，再倒进研钵里磨到顺滑。

2

加入虾浆

把鲜虾加入研钵里磨到滑顺。跟先前磨好的山药泥拌匀。用鲷鱼、鳕鱼之类的白肉鱼来取代鲜虾也很好吃。

3

加入蛋液

把打散的蛋液加入山药泥与虾浆中。用磨棒均匀搅拌，让其充分混合。加点酱油、味醂、砂糖跟酒来调味。

4

用玉子烧锅来煎

在正方形的江户前玉子烧锅中倒入油，将所有材料拌匀后倒入锅子里，小火慢煎约一个小时。盖上木锅盖，比较容易让里头也熟透。

5

等候边缘煎到变色

小火慢煎到边缘慢慢变成褐色。要随时注意火候，防止边缘煎焦，同时让里头的蛋液全部凝固。

6

倒置煎锅取出

内层也完全熟透之后，将煎锅倒置到盘子或木锅盖上，取出玉子烧。接着让玉子烧在上下颠倒的状态放回煎锅里，煎到反面也同样微焦即完成。

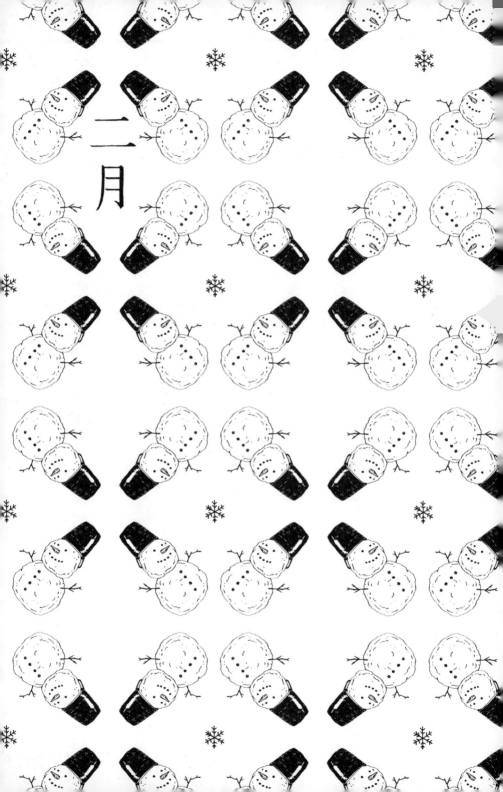

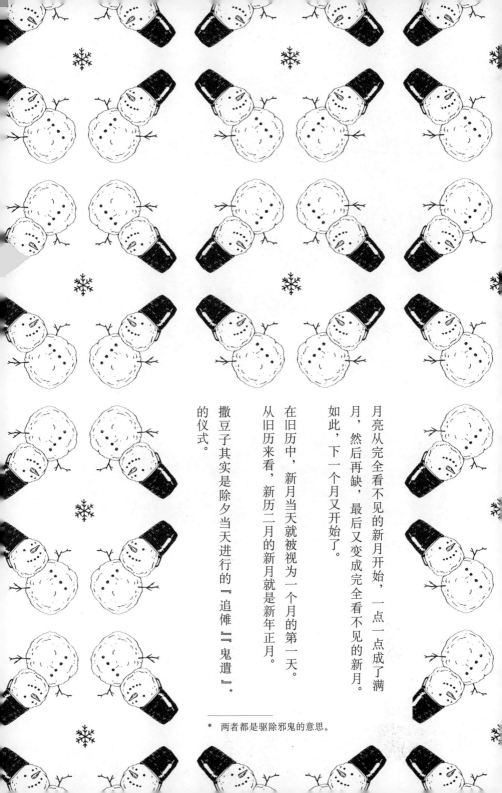

月亮从完全看不见的新月开始，一点一点成了满月，然后再缺，最后又变成完全看不见的新月。

如此，下一个月又开始了。

在旧历中，新月当天就被视为一个月的第一天。

从旧历来看，新历二月的新月就是新年正月。

撒豆子其实是除夕当天进行的『追傩』『鬼遣』*的仪式。

* 两者都是驱除邪鬼的意思。

木升

撒豆子还有开镜时使用的木升，是代表
吉利的用具。在惠比寿讲（每年十月与
十一月），习惯会在木升中装金钱供奉，
有招财纳福、祈求居家平安之意。

伊贺烧的土锅

过去豆腐可以用羽釜之类的锅具自己在家做。每个地方都有属于当地的豆腐，豆腐也是新年、中元、其他节日等庆祝宴席上的食物。

☼ 依照旧历，
撒豆子是除夕当天的一项重要活动

现在每年的二月三日是撒豆子的日子。在过去使用农历的年代，撒豆子是在除夕当天，也就是迎接新年的前一个晚上举行。

大家对着扮成鬼怪、戴着鬼面具且身披熊皮的人撒豆子，同时喊着"恶鬼在外，福气入内"，代表着迎接新年之前驱除疾病与邪气。

豆子有"驱魔"的作用，吃的时候有祈求万事平安的意愿。

装豆子的木升原本是用来量米的用具。米是日本人最重视的粮食。为此，无论是敬神的酒、开镜的酒，还是祝贺的酒，在饮用时都使用木升，它是神圣的象征。就像神社、佛阁一定使用桧木打造，木升也必定使用肌理白皙美丽、木纹笔直的"柾目"桧木制作而成。其他也有杉木升，但使用的同样是木纹美丽的"柾目"部位。

木屋的木升也使用"柾目"木曾桧木来制作，共有一合、五合、一升三个尺寸。

十一月酉之市的吉祥物钉耙，会用宝船、大小金币、千两箱、龟面具等来装饰，代表祈求生意兴隆、开运纳福的意思。这些装饰中也有升杯。

《江户自慢三十六兴酉之丁有名的熊手钉耙》

178

✿ 所有好的土锅，
在使用前都要先开锅

　　木屋的土锅是伊贺烧。遵循先人"要用同一座山上的土和釉"的教诲，伊贺的土锅师傅都以伊贺采的土、伊贺采的釉药来制作。伊贺这块土地过去是琵琶湖的湖底。从这个地区的地层采集到的陶土具有较好的耐火性，从江户时代开始就用以制作能以直火加热的土锅及茶壶。其中的黑木节及黑蛙目黏土，特色就是含有大量炭化的浮游生物等有机质。木屋的土锅使用的也是这一材质。

　　这些有机质在烧成时蒸发，形成了有细微气泡的质地，因此土锅能够蓄热，让食材在加热时慢慢熟透。由于气泡的孔隙是打开的，直接倒入水会渗透，在开始使用前要熬一锅粥或面粉水来填补孔隙，这个步骤就是"开锅"。市面上有一些不须特别开锅的土锅，是因为使用气泡较少的陶土，或是在锅内涂了化学涂料。如果是能够发挥土锅特色的锅子，都必须经过开锅的步骤。

位于东京台东区根岸的豆腐料理店"笹乃雪"，是江户地区首家贩卖京都所发明的"绢豆富"（笹乃雪将"豆腐"写成"豆富"）的餐饮店。

引自《商牌杂集》

179

落盖

京都的三千院，在每年二月上旬都有一
场初午煮萝卜的盛宴。冬天，日本各地
都有吃烧萝卜消灾解厄的习俗。

竹筛

二月初八有个习俗是要在屋顶上高挂竹筛，过去江户地区家家户户都会这么做。据说除了驱邪，还代表接受从天而降的恩惠。

✆ 二月的节分当天，要吃招福升萝卜

使用落盖是日本料理中独特的烹调诀窍。

这样做能够用少量的汤汁均匀熬煮所有食材，汤汁不容易蒸发，还能防止食材在大量汤汁中滚动碰撞而煮碎。落盖使用的木材大多是日本花柏。日本花柏很耐水，又不带特殊气味，很适合用来制作烹调器具。虽然使用厨房纸巾或铝箔纸来代替也很方便，但毕竟会直接接触到食材，还是用天然传统的用具比较放心。

木屋落盖所使用的日本花柏生长于木曾，用扎实的日本国产木材制作的落盖用起来干净又安心，就长期使用来看其实更经济。

在过去用农历的时代，一年之中迎接第一个新月的二月便是正月新年。人们撒豆子驱邪，驱邪仪式后用餐时，不妨吃个被切成木升一样四四方方的"升萝卜"（又称为"福升萝卜"）。

"升萝卜"就是将萝卜切成像木升一样的正方体，然后把中间挖空，再稍微炖煮。挖空的地方填入些卤豆子或卤蔬菜。把萝卜雕成各种外形的烹调方式从江户时代就有了，在《大根（萝卜）一式料理秘密箱》（1785年）一书中，还介绍了把萝卜雕成山茶花或牡丹花的方法。

引自《大根一式料理秘密箱》

182

♨ 二月八日将竹筛高挂在屋顶上，表示驱邪

木屋的竹筛是在新潟县的佐渡制作的。佐渡号称"竹之岛"，是竹子的产地，自古以来就制作竹筛、竹刀、竹篮等产品。

昭和二十三年（1948 年），竹艺家林尚月斋（在东京国立近代美术馆工艺馆可见到他的"铁脚盛器"等作品）应邀到佐渡制作购物竹篮，造成日本全国各地掀起一阵"佐渡篮"的旋风。佐渡的竹子是真竹，质地较硬，不容易加工。然而做出来的成品却非常美，评价极高。竹筛不仅是日常用具，也是驱邪的工具。剧作家泷泽马琴的日记及《东都岁时记》当中都提到二月初八"事纳"的习俗中，会在屋顶上高高竖起一根竹竿，前面绑上竹筛，代表驱邪。

所谓"事纳"，就是新年的各项仪式活动的最后一天，这一天习惯食用加了六种蔬菜（小芋头、牛蒡、白萝卜、红豆、胡萝卜、慈姑、烤栗子、烤豆腐）的味噌汤，又称"御事汁"，来祈求身体健康。

讲到竹林，有句话叫作"留三砍四"（留下生长三年的竹子，砍伐生长四年的竹子）。竹林若不适度砍伐，会造成竹子过度拥挤而死亡。然而，现在竹子加工的需求减少了，据说有很多竹子无法砍掉，被留了下来。竹筛具有耐水性，干燥速度快，用起来非常方便。日常生活中，可以将弄脏就替换的廉价竹筛与高品质的昂贵竹筛区分使用，多用这种展现日本传统之美的用具。在厨房里放一只自古传说有驱邪作用的竹筛，应该会觉得内心踏实许多。

南部铁壶

木屋总务企划部长石田克由先生有一只
使用了长达二十二年的南部铁壶。使用
铁壶烧水，能去除掉自来水的氯臭味，
令水的口味变得更圆润，同时还能补充
铁质。

卷帘

木屋的卷帘用的是三重县孟宗竹的磨竹。"磨竹"就是用专用的菜刀削掉表面的薄皮的竹子。卷帘使用天然素材以传统制法制作而成，让人能安心使用。

☺ 世界著名建筑师布鲁诺·陶特也喜爱的岩手南部铁壶

木屋的南部铁壶是在岩手县奥州市水泽制作的。建筑师布鲁诺·陶特（Bruno Taut）也是懂得欣赏岩手南部铁壶优点之人。

布鲁诺·陶特曾是任教于柏林工业大学的建筑师，他所设计的建筑曾被列为世界遗产。1933 年，他为了逃避纳粹的迫害暂居日本三年半，其间因为想研究铁壶而走访盛冈。

当时，日本正在摸索出口本国工艺品的道路。布鲁诺·陶特在盛冈的演讲中提到了南部铁壶，并盛赞其单纯、洁净、古雅，是日本的骄傲，绝不可为了配合出口而抹杀掉这些特色。他认为，能让日本人喜爱的东西，到了国外也必定会受到欢迎，这么好的东西更应该出口。但另一方面，他也强调，他并非一味推崇回归传统，而是希望在现代用品中，增添具有日本趣味的作品，这样的作品才值得推荐。南部铁壶原有的优点被人们认可，至今仍有许多人喜欢用它，或许正是因为陶特的影响。

铁壶内侧不可以用刷子用力刷洗。白色水垢形成的薄膜可以防止生锈，使烧出来的开水更好喝。据说，过去有一对母女在木屋买了铁壶，后来询问铁壶里头生锈了该怎么办。木屋请她们将两只铁壶留在店内，由工作人员养出水垢薄膜后，又归还给了顾客。

布鲁诺·陶特所设计的布里兹地区巨型聚落。从上方俯瞰就能看到呈马蹄形的世界遗产。Claudio Divizia / Shutterstock.com

☺ 日本是全世界最常将食物卷起来吃的国家

每年二月三日有吃海苔卷（称为惠方卷、福卷寿司）的习俗，但其实这是近年来才形成的惯例。

在立春（二月五日前后）的前一个晚上，朝向岁德神所在的方位，默默无声地吃完一整卷海苔卷，据说能带来好兆头。

不仅限于惠方卷，其他像是千叶的祭寿司、熊本的南关扬卷寿司、宫崎的竹笋卷寿司等，这类粗粗的卷寿司都是祭典、节庆，以及四季仪式上不可或缺的食物。

另一方面，在寿司之外，和歌山的腐皮卷、青森的菊卷、东北的紫苏卷、爱知的粗卷、佐贺的鲫鱼昆布卷、大分的大豆烤竹卷等，这种长卷类的食物都被视为吉祥的乡土料理，在日本各地传承，种类之多堪称世界第一。

这类长卷食物不只是味美和外观华丽，食物在受力压缩之后还能保存得较久一些，这是古人流传下来的智慧。

包有粉红色、黄色馅料，组合成各种图案的粗粗的卷寿司，因为美观而得名"装饰寿司"，广受人们欢迎。千叶的乡土料理祭寿司，会做成"祝""山茶花""山武樱""菖蒲""四海卷"等固定图案。

各种握剪

　　过去日本有各式各样的握剪。木屋保存了在昭和四十五年(1970年) 左右复刻的握剪。至于从江户后期到昭和三十年代使用的握剪，则是根据匠人小寺藤二的记忆打造而成的。

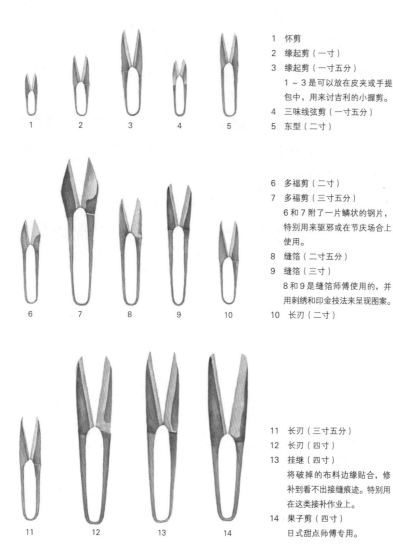

1　怀剪
2　缘起剪（一寸）
3　缘起剪（一寸五分）
　　1～3是可以放在皮夹或手提包中，用来讨吉利的小握剪。
4　三味线弦剪（一寸五分）
5　东型（二寸）

6　多福剪（二寸）
7　多福剪（三寸五分）
　　6和7附了一片鳞状的钢片，特别用来驱邪或在节庆场合上使用。
8　缝箔（二寸五分）
9　缝箔（三寸）
　　8和9是缝箔师傅使用的，并用刺绣和印金技法来呈现图案。
10　长刃（二寸）

11　长刃（三寸五分）
12　长刃（四寸）
13　挂继（四寸）
　　将破掉的布料边缘贴合，修补到看不出接缝痕迹。特别用在这类接补作业上。
14　果子剪（四寸）
　　日式甜点师傅专用。

15 缀剪·针付
   用来在纸上开洞，用线缝
   合后再剪掉多余的线。
16 绷带剪
17 堺型
18 裁断用
   用来裁剪布料。

19 元结剪
   用来剪掉绑头发的绳线或
   是和纸制成的绳线。
20 绢剪

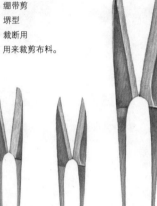

| 15 | 16 | 17 | 18 | 19 | 20 |

21 硬皮剪（直刃）
22 硬皮剪（曲刃）
   21 与 22 是用来剪除蚕茧外层硬皮的。因为
   会抽出质地较粗的丝线，所以必须剪除。
23 吴服屋剪
24 裁断剪
   用来裁剪布料。
25 矢羽根剪
   剪除箭上的雉鸟羽毛。

| 21 | 22 | 23 | 24 | 26 |

三
月

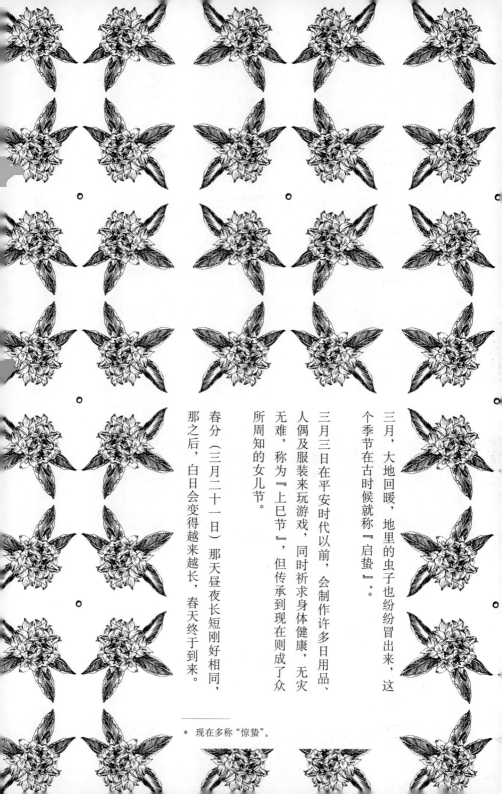

三月，大地回暖，地里的虫子也纷纷冒出来，这个季节在古时候就称『启蛰』*。

三月三日在平安时代以前，会制作许多日用品、人偶及服装来玩游戏，同时祈求身体健康、无灾无难，称为『上巳节』，但传承到现在则成了众所周知的女儿节。

春分（三月二十一日）那天昼夜长短刚好相同，那之后，白日会变得越来越长，春天终于到来。

* 现在多称"惊蛰"。

压花模

各种造型都有，有大（约四厘米）、中（约
三厘米）、小（约两厘米）不同尺寸。

♨ 食用节令食材更健康，
这是日本料理的基本观念

日本料理的基础就是汤品跟生鱼片。汤品最重要的就是在打开碗盖的瞬间就能感受到季节的气息。

在季节感的展现上，经常会用到压花模。把胡萝卜、白萝卜或柚子用压花模切出梅花、银杏叶的形状，光是多了这个小步骤，放在汤碗里的就像件艺术品。无论压花模或使用的食材，价格都不会特别昂贵，不如在家里也试试看，能更简单地感受到四季变化的乐趣。

这类压花模大约出现在一百年前的明治时期。木屋的压花模，目前的制作者的父亲儿时就在商家见习，然后成为匠人，当年学到的技术和设计传承至今。在大约五十年前转用不锈钢材质之前，压花模都是以黄铜打薄制作。因此，过去这是只有专业厨师才会用的工具。但后来改以不锈钢点焊的方式，变得容易制作了，也便推销给一般家庭了。

像十二干支、风水、旧历这些文化那样，日本料理也深受中国阴阳五行思想的影响。这一整体思想的根本，就是在生活中多食用当季出产的食物，产生良性循环，让身体更健康，更有活力。

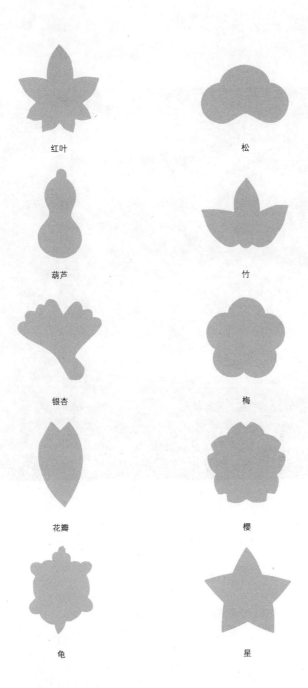

红叶 松

葫芦 竹

银杏 梅

花瓣 樱

龟 星

天妇罗炸锅

进入三月，店里开始出现马兰、歪头菜、
明日草、土当归、蕨菜、楤木芽等。有
一些本来需要先去除涩味的山蔬，做成
天妇罗就能轻松品尝。

押寿司模型

《守贞漫稿》(1837 年)里刊登的押寿司
模型跟现在的几乎一模一样。使用的食
材有卤香菇丝、玉子烧、鲷鱼生鱼片、
鲍鱼片，极尽奢华。

☙ 三月是摘采春天嫩芽的季节，
天妇罗是带有好兆头的料理

三月恰好是冬季蔬菜跟夏季蔬菜两个产季之间青黄不接的时期，不如享用山蔬来代替一般蔬菜。山蔬得事先处理，并不容易，但做成天妇罗就能简单品尝美味。

木屋的天妇罗炸锅是用铁锤捶打出凹痕的铜制捶打锅。由于铜导热很快，就算裹上冷面衣的食材下锅，也不容易导致油温降低。

比铜更奢华的天妇罗炸锅是用青铜材质，但价格跟一般家庭使用的锅具可说是天差地别。青铜古时候称为"炮金"，是铜、锡、锌的合金，从昭和三十年代开始成为制作锅具的材料。原先是用来制造大炮的，具有良好的导热、保温及耐久性。另一方面，也有坚持使用南部铁砂材质炸锅的厨师，像是天皇御厨秋山德藏、赤坂老字号料亭花村的创始人川部幸吉。法国的哲学家、符号学家罗兰·巴特（Roland Barthes）曾写道，众人之所以为天妇罗花上大笔金钱，追求的就是"最清新的油炸方式"。因此，在各路厨师钻研炸法的日本，也就诞生了各式各样的天妇罗炸锅。

引自《画本野山草》

春季摘采嫩芽，从万叶时代起就是每年令人期待的季节活动。歌舞伎的《菅原传授手习鉴》里，也有人们为了制作祝贺七十岁长者生日的宴席，漫步在淀川河堤上摘采蒲公英跟马兰的情境。

♨ 女儿节吃押成菱形的食物，
可祈求多子多孙、长命百岁

　　日本人自古以来食用的储存食品，就是押寿司和箱寿司。

　　在节庆的场合中，全国各地都有不同种类的押寿司，比如，宇野千代写过的"无论怎么称赞都称赞不完的"岩国寿司，小津安二郎记在手帖上的富山鳟鱼寿司，吉田健一文中"提到花，就是有樱花的地方吧"的大阪小鲷雀寿司，或是谷崎润一郎笔下"原来这么好吃"的吉野柿叶寿司等。似乎所有日本人在自己生长的熟悉土地上，都能想起属于当地的押寿司。

　　三月三日有食用菱饼的习俗。不妨将押寿司切成菱形，在女儿节当天享用。话说回来，菱饼本来就是过去新年放在宫里正式镜饼的上方。菱形之所以代表尊贵，有一种说法是因为其形状代表人类重要的心脏，此外，也有人说是因为菱角繁殖力强，而且据说吃了菱角果实可以长生不老，还能成仙。

日本自古以来就有个习俗，在每年三月三日向淡岛神祈愿生个健康活泼的小孩。此外，在这一天女性也会仿效淡岛神出海，进行驱邪的仪式。据说这种日本自古以来的习俗，与来自中国的"上巳节"结合之后，就成了现在每年盛大庆祝的女儿节。

引自《守贞漫稿》

雪平锅

木屋的铝制雪平锅,锅内设计成锅底边
缘也可以用圆汤勺舀到的形状。它质地
轻巧、导热迅速,一只锅子可炒可煮,
非常方便。

刺身刀

使用刺身刀，就算不是专业师傅，也能
切出外形很漂亮的生鱼片。全世界只有
日本料理会品尝利落的食材切口带来的
美味。

❤ 蛤蜊清汤是日本料理的原点，
也是一道祈求夫妻美满的料理

蛤蜊汤在江户是婚礼中的菜色，这项习俗是八代将军德川吉宗订下来的，据说因为当时蛤蜊全年都捕得到，价格也便宜。

现在蛤蜊清汤则成了女儿节中一道庆祝的汤品。

因为只有同一颗蛤蜊的两片壳才能完全吻合，其他无论外形再相似，外壳也无法贴合，所以由此来祈求夫妻和睦、家庭美满，或是早日觅得良伴。由于蛤蜊具有这个特性，从平安时期就流传"配贝"的游戏，从三百六十片蛤蜊壳中，找出成对的贝壳。

蛤蜊清汤充满了来自蛤蜊的鲜味，不需要事先取高汤。

这道简单的料理，才是日本料理的原点。

蛤蜊煮得老了，汤就不好喝，所以请用容易导热的铝质捶打雪平锅迅速料理。

引自《和汉三才图会》

《古事记》中也出现过蛤蜊。大己贵命遭受八十众神欺骗，被火烧的巨石烧死时，神产巢日神派了蚶贝比卖与蛤贝比卖，在蛤蜊汤中加入母乳，涂在大己贵命的伤口上，救活他的性命。

❂ 根据文献记载，
日本最古老的料理就是生鱼片

奈良时代后期的史书《高桥氏文》中对于料理的纪录，据说是日本最古老的历史。里头提到的就是"蛤蜊鲙"。

"鲙"，指的是将生鱼剁碎后拌醋的食物，是生鱼片的原型。

狂言*《鲈庖丁》的段子里也出现了生鱼片的前身。故事中，伯父跟侄子提到平安时代初期首次出现的料理"打身"，并说明淡水鱼只用鲤鱼，海鱼只用鲷鱼。"打身"就像切得比较厚的生鱼片。虽然生鱼片是从江户时期之后才普遍食用的，但由这个段子可知，在那之前就已经有人吃鲷鱼生鱼片。

目前最多人使用的刺身刀，是前端尖锐的关西型，因着它的外形，也有人称之为"正夫""柳刃刀"。江户风的刀型则是前端呈方形，称为"蛸引"，刀刃比关西型来得薄。到江户前寿司店，偶尔能看到至今仍使用"蛸引"的师傅。

用右手持菜刀时，右侧是正面，左侧是背面。将一整块鱼从右侧片起，也就是用菜刀右侧正面切开，这是"阳向"的生鱼片。而白肉鱼从左侧削出薄片，则是用菜刀的背面切，就成了"阴向"的生鱼片。阳向的生鱼片以方盘来装盘，阴向的生鱼片则使用圆盘盛装。

京阪生鱼片

江户生鱼片

引自《守贞漫稿》

---

* 日本的古典滑稽戏剧表演。

各种锅具

锅子，有自古就有的传统厨具，也有从外国新引进日本的锅子，形形色色，十分有趣。压力锅、塔吉锅、Staub、Le Creuset、硅胶蒸锅等，新的锅具造成一波一波的流行。"行平锅"原先指的是陶土材质的，具有上盖、锅嘴、把手的锅子款式，但在西洋锅具引进之后，就有了"雪平锅"，以指代铝制或不锈钢材质且有锅嘴的单手锅。顺带一提，浅型的雪平锅是木屋原创的锅款。当初有顾客提出来，要是有类似浅型酱汁平底锅的雪平锅，用起来会很方便，因此开发制作了这款锅。

雪平锅

短时间烹调时很方便。

浅型雪平锅

便于烧鱼、制作酱汁。

平底酱汁锅

除了做酱汁之外，也可以煎肉、炒青菜。

平底炖锅

用来做炖菜或需要长时间熬的酱汁，也可以煎肉。

外轮锅

做红烧菜要收干酱汁时很方便。

寸胴锅

最适合用来下意大利面或煮全鸡。

铗锅

不占空间，日常保养也很简单。

段付（多层）锅

不用担心食材沸腾溢出，最适合用来做红烧菜。还可以放上蒸笼。

本书中译本由时报文化出版企业股份有限公司授权

图书在版编目(CIP)数据

日本风俗食具 / (日) 木屋编著；叶韦利译.
—桂林：广西师范大学出版社，2019.8
ISBN 978-7-5598-1793-8

Ⅰ. ①日… Ⅱ. ①木… ②叶… Ⅲ. ①餐具 – 介绍 –
日本 Ⅳ. ①TS972.23

中国版本图书馆CIP数据核字(2019)第095535号

广西师范大学出版社出版发行

广西桂林市五里店路9号　邮政编码：541004
网址：www.bbtpress.com

出 版 人：张艺兵
责任编辑：马步匀
特约编辑：王京徽　苏　本
装帧设计：李丹华
内文制作：李丹华
全国新华书店经销
发行热线：010-64284815
山东临沂新华印刷物流集团有限责任公司　印刷

开本：1230mm×880mm　1/32
印张：6.5　字数：70千字
2019年8月第1版　2019年8月第1次印刷
定价：59.00元

如发现印装质量问题，影响阅读，请与出版社发行部门联系调换。